新型职业农民书架·食用菌种植能手谈经与专家点评系列

U0242762

茶薪菇种植能手谈经

国家食用菌产业技术体系郑州综合试验站
河南省现代农业产业技术体系食用菌创新团队　组织编写

米青山　张华珍　主编

中原农民出版社
·郑州·

图书在版编目（CIP）数据

茶薪菇种植能手谈经/米青山,张华珍主编.—郑州：
中原出版传媒集团,中原农民出版社,2015.12
ISBN 978-7-5542-1334-6

Ⅰ.①茶… Ⅱ.①米… ②张… Ⅲ.①食用菌-蔬菜
园艺 Ⅳ.①S646

中国版本图书馆 CIP 数据核字(2015)第 281319 号

编委会

主　　编　康源春　张玉亭
副 主 编　孔维丽　黄桃阁　李　峰　杜适普
　　　　　谷秀荣
编　　委　（按姓氏笔画排序）
　　　　　王志军　孔维丽　刘克全　李　峰
　　　　　杜适普　张玉亭　谷秀荣　袁瑞奇
　　　　　黄桃阁　康源春　魏银初
本书主编　米青山　张华珍
副 主 编　王彦伟　刘国振

出版社：中原农民出版社
地址：郑州市经五路 66 号　电话：0371-65751257
　　　邮政编码：450002）
网址：http://www.zynm.com
发行单位：全国新华书店
承印单位：新乡市豫北印务有限公司
投稿信箱：Djj65388962@163.com　　　交流 QQ:895838186
策划编辑电话:13937196613
邮购热线:0371-65724566
开本：787mm×1092mm　　　　　　1/16
印张：11.25　　　　　　　　　　插页：8
字数：245 千字
版次：2016 年 1 月第 1 版　　　印次：2016 年 1 月第 1 次印刷

书号：ISBN 978-7-5542-1334-6　　定价：39.00 元

康源春简介

康源春,河南省农业科学院食用菌研究开发中心主任,国家食用菌产业技术体系郑州综合试验站站长,兼河南省食用菌协会副理事长。

参加工作以来一直从事食用菌学科的科研、生产和示范推广工作,以食用菌优良菌种的选育、高产高效配套栽培技术、食用菌病虫害防治技术、食用菌工厂化生产等为主要研究方向,在食用菌栽培技术领域具有丰富的实践经验和学术水平。

康源春(中)在韩国首尔授课
后同韩国专家(右)、意大利专
家(左)合影留念

张玉亭简介

张玉亭,研究员,河南省农业科学院植物营养与资源环境研究所所长,河南省现代农业产业技术体系食用菌创新团队首席专家。

长期从事植物保护、农业资源高效利用、食用菌栽培技术等领域的科学研究,具有较高的学术水平和管理水平。

张玉亭研究员
在食用菌大棚
指导生产

作 者 简 介

1

米青山简介

米青山,现任周口职业技术学院教授,周口市食用菌工程技术研究中心主任,兼任周口市食用菌协会副会长、全国食(药)用菌行业优秀科技人才、河南省食用菌先进工作者、河南省教育厅学术技术带头人、周口市学术技术带头人、周口市职业教育专家。

参加工作以来一直从事食用菌学科的教学、科研、生产和示范推广工作,以食用菌栽培技术培训、病虫害防治技术、优质菌种培育、高产高效配套技术等为主要研究方向,在食用菌栽培技术领域具有丰富的实践经验。

张华珍简介

张华珍,女,汉族,生于1982年9月,河南省淮阳县人,硕士研究生。现任周口职业技术学院讲师,周口市食用菌工程技术研究中心技术员,周口市食用菌协会会员。主要从事食用菌优良菌种选育、栽培技术研究以及推广工作,具有扎实的理论基础和实践经验。

像照顾孩子一样
管理蘑菇

"新型职业农民书架丛书·食用菌种植能手谈经与专家点评系列",是针对当前国内食用菌生产形势而出版的。

2009年2月,中原农民出版社总编带领编辑一行,去河南省一家食用菌生产企业调研,受到了该企业老总的热情接待和欢迎。老总不但让我们参观了他们所有的生产线,还组织企业员工、技术人员和管理干部同我们进行了座谈。在座谈会上,企业老总给我们讲述的一个真实的故事,深深地触动了我。他说:

企业生产效益之所以这么高,是与一件事分不开的。企业在起步阶段,由于他本人管理经验不足,生产效益较差。后来,他想到了责任到人的管理办法。那一年,他们有30座标准食用菌生产大棚正处于发菌后期,各个大棚的菌袋发菌情况千差万别,现状和发展形势很不乐观。为此,他便提出了各个大棚责任到人的管理办法。为了保证以后的生产效益最大化,老板提出了让所有管理人员挑大棚、挑菌袋分人分类管理的措施……由于责任到人,目标明确,管理到位,结果所有的大棚均获得了理想的产量和效益。特别是菌袋发菌较好且被大家全部挑走的那个棚,由于是技术员和生产厂长亲自管理,在关键时期技术员吃住在棚内,根据菌袋不同生育时期对环境条件的要求,及时调整菌袋位置并施以不同的管理措施,也就是像照顾孩子一样管理蘑菇,结果该棚蘑菇转劣为好,产量最高,质量最好。这就充分体现了技术的力量和价值所在。

这次访谈，更坚定了我们要出一套食用菌种植能手谈经与专家点评相结合，实践与理论相统一的丛书的决心与信心。

为保障本套丛书的实用性与先进性，我们在选题策划时，打破以往的出版风格，把主要作者定位于全国各地的生产能手(状元、把式)及食用菌生产知名企业的技术与管理人员。

本书的"能手"，就是全国不同地区能手的缩影。

为保障丛书的科学性、趣味性与可读性，我们邀请了全国从事食用菌科研与教学方面的专家、教授，对能手所谈之经进行了审读，以保证所谈之"经"是"真经"、"实经"、"精经"。

为保障读者一看就会，会后能用，一用就成，我们又邀请了国家食用菌产业技术体系的专家学者，对这些"真经"、"实经"、"精经"的应用方法、应用范围等进行了点评。

本套丛书从策划到与读者见面，其间两易大纲，数修文稿。本丛书主编河南省农业科学院食用菌研究开发中心主任康源春研究员，多次同该套丛书的编辑一道，进菇棚，住农家，访能手，录真经……

参与组织、策划、写作、编辑的所有同志，均付出了大量的心血与辛勤的汗水。

愿本套丛书的出版，能为我国食用菌产业的发展起到促进和带动作用，能为广大读者解惑释疑，并带动食用菌产业的快速发展，为生产者带来更大的经济效益。

但愿我们的心血不会白费！

序

食用菌产业是一个变废为宝的高效环保产业。利用树枝、树皮、树叶、农作物秸秆、棉子壳、玉米穗轴、牛粪、马粪等废弃物进行食用菌生产，不但可以增加农业生产效益，而且可减少环境污染，可美化和改善生态环境。食用菌产业可促进实现农业废弃物资源化发展进程，可推进废弃物资源的循环利用进程。食用菌生产周期短，投入较少，收益较高，是现代农业中一个新兴的富民产业，为农民提供了致富之路，在许多县、市食用菌已成为当地经济发展的重要产业。更为可贵的是食用菌对人体有良好的保健作用，所以又是一个健康产业。

几千亿千克的秸秆，不只是饲料、肥料和燃料，更应该是工业原料，尤其是食用菌产业的原料。这一利国利民利子孙的朝阳产业，理应受到各界的重视，业内有识之士更应担当起这份重任，从各方面呵护、推助、壮大它的发展。所以，我们需要更多介绍食用菌生产技术方面的著作。

感恩社会，感恩人民，服务社会，服务人民。受中原农民出版社之邀，审阅了其即将出版的这套农民科普读物，即"新型职业农民书架丛书·食用菌种植能手谈经与专家点评系列"丛书的书稿。

虽然只是对书稿粗略地读了一遍，只是同有关的作者和编辑进行了一次简短的交流，但是体会确实很深。

读过书，写过书，审阅过别人的书稿，接触过领导、专家、教授、企业家、解放军官兵、商人、学者、工人、农民，但作为农业战线的科学家，接触与了解最多的还是农民与农业科技书籍。

在讲述农业技术不同层次、多种版本的农业技术书籍中，像中原农民出版社编辑出版的"强农惠农丛书·食用菌种植能手谈经与专家点评系列"

丛书这样独具风格的书,还是第一次看到。这套丛书有以下特点:

1. 新。邀请全国不同生产区域、不同生产模式、不同茬口的生产能手(状元、把式)谈实际操作经验,并配加专家点评成书,版式属国内首创。

2. 内容充实,理论与实践有机结合。以前版本的农科书,多是由专家、教授(理论研究者)来写,这套书由理论研究者(专家、教授)、劳动者(农民、工人)共同完成,使理论与实践得到有机结合,填补了农科书籍出版的一项空白。

(1)上篇"行家说势"。由专家向读者介绍食用菌品种发展现状、生产规模、生产效益、存在问题及生产供应对国内外市场的影响。

(2)中篇"种植能手谈经"。由能手从菇棚建造、生产季节安排、菌种选择与繁育、培养料选择与配制、接种与管理、常见问题与防治,以及适时收、储、运、售等方面介绍自己是如何具体操作的,使阅读者一目了然,找到自己所需要的全部内容。

(3)下篇"专家点评"。由专家站在科技的前沿,从行业发展的角度出发,就能手谈及的各项实操技术进行评论:指出该能手所谈技术的优点与不足、适用区域范围,以防止读者盲目引用,造成不应有的经济损失,并对能手所谈的不足之处进行补正。

3. 覆盖范围广,社会效益显著。我国多数地区的领导和群众都有参观考察、学习外地先进经验的习惯,据有关部门统计,每年用于考察学习的费用,都在数亿元之多,但由于农业生产受环境及气候因素影响较大,外地的技术搬回去不一定能用。这套书集合了全国各地食用菌种植能手的经验,加上专家的点评,读者只要一书在手,足不出户便可知道全国各地的生产形式与技术,并能合理利用,减去了大量的考察费用,社会效益显著。

4.实用性强,榜样"一流"。生产一线一流的种植能手谈经,没有空话套话,实用性强;一流的专家,评语一矢中的,针对性强,保障应用该书所述技术时不走弯路。

这套丛书的出版,不仅丰富了食用菌学科出版物的内容,而且为广大生产者提供了可靠的知识宝库,对于提高食用菌学科水平和推动产业发展具有积极的作用。

中国工程院院士
河南农业大学校长

目 录

上篇 *行家说势*

　　茶薪菇被誉为"菌中之冠",其营养丰富,味道鲜美,是集高蛋白、低脂肪、低糖分、保健食疗于一身的无公害保健食用菌。因此,茶薪菇越来越受到更多消费者的青睐。

一、认识茶薪菇 ·· 2

　　茶薪菇作为一种珍稀食用菌,它有着独特的生物学特性和营养保健功能,认真了解其生物学特性、发展历史和营养功能,是减少从业者盲目性和风险性的必修课,能避免从业人员因"知其然,而不知其所以然"而造成生产损失。

二、茶薪菇生产特点与存在的问题 ················· 9

　　目前,茶薪菇自然季节栽培在我国主要有福建和江西两大产区,各产区由于地理、资源、气候等因素的不同,栽培各具特点,望生产者因地制宜,取长补短。

三、茶薪菇生产发展趋势 ························· 12

　　任何一个产业的形成都会经历由诞生到成熟的发展历程,都有其阶段性的发展模式。其发展速度的快慢、前景的好坏,取决于该产品对人类回报率的高低。

从古至今"留一手"现象在技术领域都有不同程度的存在。在此，刘国振同志能将自己20多年来生产茶薪菇的经验教训倾囊相赠，实在是难能可贵。

一、种菇要选风水宝地 …………………………………………………… 20

茶薪菇的生产不但需要一个适宜生长发育的小环境，而且也要求生产场地的大环境清洁、卫生。

二、栽培设施建造 ………………………………………………………… 24

做什么事情都需要一定的条件，栽培茶薪菇也不例外，同样需要人为营造一个适宜其生长发育的环境。

三、生产季节安排 ………………………………………………………… 28

根据当地的气候特点，合理选择生产季节，是低投入、高产出、高利润的基础。

四、选好品种能多赚钱 …………………………………………………… 30

品种在很大程度上决定着产品的产量、品质及商品性状，优良品种是茶薪菇生产能否优质、高效的基础。

五、自制生产用种能省钱 ………………………………………………… 32

在大规模生产中，要想节约生产成本，提高栽培效益，自制生产用种是一种行之有效的方法。但生产者必须具备常用的生产设备，掌握专业的制种技能及菌种质量鉴别与保藏的专业知识。

六、栽培原料的选择与配制 ……………………………………………… 50

根据资源条件选择原料和辅料，并做到科学配伍，是茶薪菇生产者能否赚钱的主要条件之一。

七、茶薪菇高产栽培技术 ………………………………………………… 55

栽培茶薪菇要想获得优质、高产、高效，在具备优良品种、高产培养料配方的同时，做好菌袋的制作培养、出菇管理、采收包装等，是茶薪菇能否赚钱的保证。

八、茶薪菇生产中常见的问题及有效解决窍门 …………………………… 70

任何生物在其生长发育过程中，如遇管理不善或环境不适，都会出现问题。本节重点讲述如何避免生产中的问题出现及问题发生后的解决窍门。

种菇能手的实践经验十分丰富,所谈之"经"对指导生产作用明显。但由于其自身所处环境(工作和生活)的特殊性,也存在着一定的片面性。为保障广大读者开卷有益,请看行业专家解读能手所谈之"经"的应用方法和使用范围。

一、关于栽培场地的选择问题 …………………………………………… 79

在茶薪菇整个生产管理过程中,生产管理用水和环境空气质量是否达标,会直接影响到茶薪菇的生长和产品质量安全。

二、关于配套设施利用问题 …………………………………………… 82

茶薪菇在我国栽培区域广泛,广大生产者根据当地资源优势和气候特点,设计建造出形状各异的栽培菇棚,并通过科学有效的灭菌和消毒方法,为栽培成功奠定了基础。

三、关于栽培季节的确定问题 …………………………………………… 91

不同的地域,不同的季节,环境条件千差万别,茶薪菇作为一个有生命的物体,对环境条件有着特殊的要求,选择自然环境条件适宜其生长发育的季节进行生产,是获得生产利润最大化的前提。

四、关于茶薪菇优良品种的选育问题 …………………………………… 94

生物品种多种多样,每一个品种(菌株)都有其独特的特性,同一菌株又因其产品用途和生产条件不同而使产品形状、色泽、质量相差甚远。

五、关于优良品种的选择利用和差异问题 ……………………………… 100

根据品种类型和它们之间的差异,采取针对性的生产管理措施,避害趋利,科学利用,是获得优质、高产、高效的先决条件。

六、关于菌种制作与保藏技术应用问题 ………………………………… 104

优良品种是获得高产、高效的基础,怎样才能快速、高效生产出茶薪菇菌种? 生产的品种应该怎样保管和贮藏呢?

七、关于栽培原料的选择与利用问题 …………………………………… 116

科学合理选择栽培茶薪菇的原料是降低生产成本,获得生产利润最大化的有效手段。这里重点介绍质优、价廉的原料及利用。

八、关于茶薪菇栽培模式的选择利用问题 ……………………………… 126

茶薪菇栽培区域的自然气候、设施条件、消费习惯和生产目的不同,其栽培模式、管理方法等亦有较大的差别。生产者应如何根据实际情况合理选择呢?

九、关于茶薪菇贮藏与加工技术 ························ 141

任何一种鲜活产品，其产值都与货架期时间长短有关。如何延长茶薪菇的货架期，并增加其附加值，是本节探讨的重点。

十、关于茶薪菇病虫害及其防治 ························ 154

茶薪菇在生长发育过程中常受到病、虫等侵害，生产者应进行细心观察，及时发现并采取正确治疗措施，既确保能有效降低生产损失，又做到产品安全无公害，是生产者必须掌握的技能。

附录　茶薪菇食用指南 ························ 165

本书是给生产者学习参考的，介绍美食方法似乎离题太远。但从整个产业链的视角，用逆向思维的方法考虑，这其中大有深意：好吃，吃好才会多消费，进而促进多生产。因此，多多了解茶薪菇烹饪方法，并用各种方式告知消费者，对从根本上促进茶薪菇生产有着重要意义。

参考文献 ························ 176

茶薪菇
种植能手谈经

上篇 | 行家说势

　　茶薪菇被誉为"菌中之冠",其营养丰富、味道鲜美,是集高蛋白、低脂肪、低糖分、保健食疗于一身的无公害保健食用菌。因此,茶薪菇越来越受到更多消费者的青睐。

一、认识茶薪菇

茶薪菇作为一种珍稀食用菌,它有着独特的生物学特性和营养保健功能,认真了解其生物学特性、发展历史和营养功能,是减少从业者盲目性和风险性的必修课,能避免从业人员因"知其然,而不知其所以然"而造成生产损失。

(一)茶薪菇的生物学特性

1.茶薪菇的形态结构　茶薪菇是由菌丝体和子实体两部分组成。

(1)菌丝体　菌丝体是茶薪菇的营养体。它在基质中吸收养分,不断进行分裂繁殖和贮藏营养,为子实体形成奠定基础。在自然界中,茶薪菇菌丝体呈丝状,常生长在枯死的油茶树木枝干、树蔸、枯枝落叶或土壤等基质内。菌丝为白色、绒毛状、极细,在基质中向各个方向分枝和延伸,以便利用基质营养,繁衍自己,组成菌丝群。由孢子萌发产生的菌丝叫初生菌丝。初生菌丝开始时是多核的,到后来产生隔膜,把菌丝隔成单核的菌丝。单核菌丝纤细,生长缓慢,生活力较差。初生菌丝生长到一定阶段,当两个不同性别的单核菌丝,通过菌丝细胞的接触,彼此沟通,细胞质融合在一起,细胞核不结合,每个细胞中含有两个细胞核,故又称双核菌丝或次生菌丝。这种双核化了的菌丝,粗壮,繁茂,生活力旺盛。当它生长到一定的数量,达到生理成熟时,加上适宜的环境条件,菌丝体便缠结在一起,形成茶薪菇。

茶薪菇的菌丝都是多细胞的,每个细胞都是由细胞壁、细胞质、细胞核等组成。

(2)子实体　茶薪菇的子实体由菌盖、菌褶、菌柄、菌环四部分组成。子实体呈伞状,单生、双生或丛生,多数为丛生。

1)菌盖　菌盖又叫菇帽或菇伞,为茶薪菇的帽状部分,直径4~10厘米。初期为半球形且边缘内卷。随着生长,逐渐长成伞状,成熟后伸展为扁平状。菌盖表面平滑或有皱纹,幼时深褐色至茶褐色,渐变为浅褐色、浅灰褐色至浅土黄色,并带丝绸光泽。菌盖边缘淡褐色,有浅皱纹。成熟后,菌盖反卷。菌肉白色,未开伞时肉厚,开伞后肉变薄。

2)菌褶　菌褶着生于菌盖内侧初为白色,成熟时呈黄锈色至咖啡色,密集、直生至近弯曲,不等长,与菌盖分离呈箭头状。菌褶表面着生子实层,生有许多棒状的担子。每个担子顶端有4个担孢子。担孢子呈淡黄褐色,光滑,椭圆形或卵圆形,(8.5~11)微米×(5.5~7)微米。

3)菌柄　菌柄圆柱状,直立或弯曲。菌柄长6~18厘米,直径为0.6~1.5厘米。中实、脆嫩。表面纤维状,近白色,基部常为褐色。成熟期菌柄变硬。菌柄着生在菌盖下面中央处,既支撑菌盖的生长又起着输送营养和水分的作用。菌柄是人们食用的主要部分。

4)菌环　菌环是内菌幕残留在菌柄上的环状结构,为菌盖与菌柄间连生着的一层菌膜,淡白色。其上表面有细条纹,开伞后留在菌柄上部,或自动脱落。

2.茶薪菇的生活史　茶薪菇属于异宗结合的四极性担子菌。它的生活史是从孢子萌发开始,经过一段时间的生长发育,又产生孢子的整个生长过程。从担孢子萌发出菌丝到形成子实体,完成一个生活史,需要80~100天。

其发育过程是:担孢子在适宜的条件下萌发,形成初生菌丝,也叫单核菌丝;不同性别的单核菌丝经过细胞质配合(质配)形成双核菌丝,即每个菌丝细胞中有两个核;双核菌丝在适宜条件下,经组织化形成子实体;在菌褶上产生担子,担子中有两个单倍体核,经过核配形成一个双倍体核;双倍体核立即进行减数分裂产生4个单倍体核,每个核分别移至担子梗顶端,便形成4个新的担孢子。担孢子成熟后,又开始新的生活史。茶薪菇的生活史见图1。

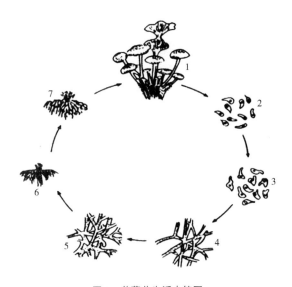

图1 茶薪菇生活史简图

1.子实体 2.担孢子 3.孢子萌发 4.单核菌丝 5.双核菌丝 6.原基 7.菇蕾

3.茶薪菇的生态条件 影响茶薪菇生长的环境条件很多,有物理因素、化学因素和生物因素等。其中重要的理化因素有营养、温度、水分、空气、光照和酸碱度。

(1)营养 营养是茶薪菇生长发育的基础,只有在丰富、全面而又适宜的营养条件下,茶薪菇才能正常生长发育,栽培才能获得成功,并取得丰产。在茶薪菇的营养中主要包括碳源、氮源、无机盐类和维生素类物质。

1)碳源 碳是构成细胞的主要成分,也是茶薪菇生长发育的能量来源。茶薪菇菌丝能利用的碳源有单糖、双糖和多糖。单糖(葡萄糖、果糖等)和双糖(蔗糖、麦芽糖)可直接被菌丝吸收利用,而大分子的多糖,如淀粉、纤维素、半纤维素、木质素等不能被菌丝直接吸收利用,要经相应的酶分解后才能利用。因为茶薪菇细胞中的木质素酶活性较低,所以茶薪菇菌丝分解利用木质素的能力弱。茶薪菇细胞中纤维素酶、半纤维素酶和果胶酶活性中等,而蛋白酶活性最高。因此,在栽培茶薪菇时,以含纤维素和蛋白质丰富的培养料为佳。在制备茶薪菇菌种培养基时一般加入葡萄糖或蔗糖作为碳源,而大面积栽培时,多以秸秆、棉子壳、木屑等富含纤维素的物质为碳源。为使菌丝萌发快,适当地加入些可溶性单糖,以利菌丝尽快萌发定植并产生相应的胞外酶,将复杂的碳化物分解。

2)氮源 氮是合成蛋白质、核酸等的重要原料。茶薪菇可利用的氮源有蛋白质、氨基酸、尿素、铵盐和硝酸盐。蛋白质类需经胞外酶水解后才可吸收。

茶薪菇容易吸收和利用有机态氮,对无机态氮的利用较差。菌丝能直接吸收氨基酸小分子的有机氮化物,大分子的尿素、蛋白质、核酸等,需经蛋白酶类分解转化为小分子氮化物后,方可吸收。由于茶薪菇菌丝细胞能分泌大量的蛋白酶,而且蛋白酶的活性又高,所以茶薪菇利用有机氮化物能力最强。制备母种培养基时,常添加蛋白胨、酵母膏为氮源,而栽培茶薪菇的培养料以麦麸、米糠、豆饼粉等作为氮源。

茶薪菇生长发育不但需要丰富的碳源和氮源,而且碳与氮的比例要恰当,也就是要求一定的碳氮比(C/N)。实践证明,茶薪菇菌丝生长阶段适宜的碳氮比为20:1,而子实体生长发育阶段碳氮比以(30~40):1为宜。

在菌丝生长阶段,若氮的比例稍高,有利于菌丝生长;氮的比例低些,有利于子实体的形成。如果后期氮的含量过高,将有碍子实体的发育和生长。

3)无机盐　茶薪菇的生长还需要一定量的无机盐,包括大量元素和微量元素。大量元素主要有磷、钾、钙、镁、硫等,微量元素有铁、铜、锰、锌、钼等。这些元素有的是构成细胞成分,有的是酶的组成成分,有的是酶的激活剂,还有的在维持细胞渗透压和保持酸碱平衡中起重要作用。总之,这些元素虽然需要量很少,但能保证各种代谢作用正常进行,保证菌丝体和子实体生长发育良好,是绝对不可缺少的营养物质。在制备培养基时,通常加入磷酸二氢钾、磷酸氢二钾、硫酸镁、硫酸亚铁等,以提供茶薪菇所必需的磷、钾、镁、硫等大量元素。因为微量元素需要量极少,一般在0.1毫克/千克以下,在天然水和培养料中的含量就可满足,不必另外添加。

4)生长素　生长素是一类刺激生长和调节生长的有机物质的总称。茶薪菇生长发育需要少量的维生素和核酸类有机物质,量虽少但不可或缺。若缺少维生素 B_1,菌丝生长缓慢甚至停止生长。在培养基中只需加0.01毫克/升,即可使之恢复正常。

生长素在许多物质(如土豆、麦芽、酵母、米糠等)里都含有,因此在用这些培养料时不必添加。但维生素类多数不耐高温,在120℃以上极易被破坏,因此培养基灭菌尽量不要温度过高。

除维生素外,一些生长类物质也是不可缺少的,对茶薪菇作用比较明显的有萘乙酸和三十烷醇。它们的作用是促进生理代谢,加速菌丝生长和子实体形成。

总之,各种营养因素既要求丰富齐全,又要比例恰当,综合平衡,并且根据茶薪菇不同的生长发育阶段加以调整。

(2)温度　是影响食用菌生长的重要因素之一。它对食用菌的影响有两个方面:一方面随温度的升高,其体内生化反应的速度加快,因此菌体生长加快;另一方面菌体的主要成分蛋白质、核酸及各种酶类随着温度的上升,可能遭受不可逆的破坏。因此,每种食用菌都有其适宜生长的温度范围。

茶薪菇在不同的发育阶段对温度的要求不同。在马铃薯葡萄糖琼脂培养基(PDA 培养基)上,26℃条件下,孢子经24 小时萌发,48 小时后肉眼可见到微细的菌丝。菌丝生长的最适温度为23~28℃,超过34℃停止生长,在-4℃下可保存3个月。茶薪菇属于不严格的变温结实型菇类。在原基出现阶段,昼夜温差刺激能明显促进原基的分化和形成。子实体原基分化的温度范围是12~26℃,最适温度为18~24℃,菌株不同,子实体的分化温度会有一定差异。较低或较高温度都会推迟原基分化。子实体生长发育的温度比菌丝阶段稍低些。适宜的温度范围为10~26℃,其中最适温度为23~26℃。温度较低,子实体生长缓慢,但组织结实,菇体较大,质量好;温度较高,易开伞和形成长柄薄盖菇。

(3)水分　　水是茶薪菇新陈代谢、吸收营养必不可少的基本物质。茶薪菇对各种营养物质的吸收和输送,都是在水的运载下进行的;其代谢废物,也是溶于水后,才能被排出体外。缺少水分的菌丝便处于休眠状态,停止发育,根本不能产生子实体。此外,水对料温的变化也起缓冲作用,在菌丝生长和培养基制作中,要求含水量为60%~65%,低于50%将不出菇,高于70%菌丝生长减慢、纤弱。

空气相对湿度对子实体的发育也有很大影响,菌丝发育阶段,一般要求空气相对湿度为60%~70%,子实体分化和生长阶段一般要求空气相对湿度在85%~90%。若低于70%,菌盖外表变硬甚至发生龟裂,低于50%,会停止出菇,已分化的幼蕾也会因脱水而枯萎死亡。但空气相对湿度过高,如长期在95%以上,则造成通气不良,易感染杂菌,引起子实体腐烂。

(4)空气　　空气中的氧气(O_2)与二氧化碳(CO_2)是影响茶薪菇生长发育的重要生态因子。茶薪菇不是绿色植物,不能利用CO_2,它的呼吸作用是O_2的吸收和CO_2的排出。新鲜空气中约含有O_2 21%,CO_2 0.03%。过高的CO_2必然影响茶薪菇的呼吸作用。

茶薪菇为好氧型真菌,当CO_2浓度达到0.1%时,茶薪菇菌丝和子实体生长均受到明显的抑制。菌丝生长阶段需要一定的氧气,因此发菌环境要经常通风换气,但要注意不能因通风换气而使温度波动过大。菌丝从营养生长转入生殖生长阶段,对氧气的需求量略低,一旦子实体形成,对氧气的需求急剧增加。因此,在这个转折点中,菇房内应经常通风换气,保持空气新鲜,防止CO_2浓度过高。

但子实体分化后要控制通风量和通风方法,培养室空气要新鲜,而袋口膜内CO_2含量稍高,有利于菇柄伸长,从而可提高菇的质量和产量,这种现象类同于金针菇的培养方法。

(5)光照　　茶薪菇不含叶绿素,菌丝的生长完全不需要光照。由于直射光线一方面含紫外线,具有杀菌作用,另外直射的光照会引起水分的急剧蒸发,使空气相对湿度降低,对其生长不利。

茶薪菇在子实体分化和发育时,需要一定量的散射光,300~500勒的光照最为合适。光照强度与子实体的色泽有关,光线强,颜色深,光线不足,子实体的颜色变淡、变白,使茶薪菇的商品价值降低。

(6)酸碱度(pH)　　pH是溶液中氢离子浓度的反对数,通常用来表示溶液的酸碱度。茶薪菇喜在弱酸性环境中生长,pH 4~6.5菌丝均能生长,最适pH为5~6。子实体生长阶段pH为3.5~7.5,最适pH为5~6。

由于培养料在高压灭菌后pH会降低,同时,由于茶薪菇新陈代谢所产生的有机酸的积累,也会使 pH 下降,因此配制培养基时,应将 pH 适当调高。也可加入 0.2%磷酸二氢钾和磷酸氢二钾作缓冲剂,若产酸过多,还可加入少量中和剂——碳酸钙等。

除以上主要条件外,茶薪菇生长环境中的植物、动物、微生物等,凡与茶薪菇接触的因素,都对茶薪菇正常的生长发育起促进或抑制作用,共同构成茶薪菇的生态环境。

总之,茶薪菇与其周围环境是一个统一体,每一个环境因素对茶薪菇生长都有一定作用,而所有的因素之间既相辅相成,又互相制约。不可强调某一个因素,而忽略其他条件。在茶薪菇的栽培和管理工作中,注意综合调控各种条件,使之达到最佳的配合状态,为茶薪菇生长发育创造最适宜的生态环境。

(二)国内外发展简史

茶薪菇的人工栽培,最早始于南欧,在公元前 50 年已经开始进行,不过当时的栽培方法极其原始,即把长过茶薪菇(靠自然孢子接种)的木头埋在土壤中,使之继续发菇。公元 1550 年,有人把茶薪菇捣烂,施于木头上,再盖上土壤来进行栽培。1950 年,Kersten 用大麦皮和碎稻草栽培茶薪菇。

我国人工栽培茶薪菇始于 1972 年。1973 年,福建三明真菌试验站编的《福建菌类图鉴》首次记载了茶薪菇。由于野生茶薪菇的产量极低,福建三明真菌研究所(黄年来,1972)曾进行生态考察,其后洪震(1978)、吴锡鹏(1993)均曾报道驯化栽培结果,林杰(1996)较系统地介绍过茶薪菇的生物学特性及栽培方法。20 世纪 80 年代初,驯化栽培的培养料为木屑和茶子壳,栽培虽然获得成功,但产量不高。后来对其营养生理进行研究发现,茶薪菇对木材纤维的分解能力较弱,但对蛋白质的利用则较强。因而在 20 世纪80 年代末,茶薪菇的培养基质已普遍改用木屑和棉子壳等混合材料,并添加适量有利于茶薪菇菌丝生长的玉米粉、菜子饼粉、花生饼粉和大豆饼粉等饼肥,增加氮源含量,以满足茶薪菇的营养生理。这样既可提高产量,又可提高品质,增强香味。20 世纪 90 年代初,江西广昌开始大面积人工栽培茶薪菇,随后福建三明等地也陆续开始推广人工栽培茶薪菇。经过近 30 年的驯化栽培,已筛选出多个优质高产菌株,采用 17 厘米×33 厘米塑料袋栽培,装干料 0.5~0.6 千克,每袋可产鲜菇 0.3~0.5 千克。

茶薪菇主要分布在中国、日本以及南欧、北美洲东南部等温带及亚热带地区。在我国多分布在福建、浙江、江西、云南、贵州、四川和台湾等省。目前,国内茶薪菇的主要产地是江西和福建。江西的黎川、广昌、南丰、南城和资溪,福建的泰宁、建宁、光泽等县(市)有较大规模的栽培。广东、湖南、山东、浙江、湖北、河南、云南、上海、天津和北京等省(市)也都有一定量的栽培。因此茶薪菇现已遍及全国,并逐渐成为重要的食用菌类。

(三)营养与保健功能

茶薪菇的菌盖和菌柄脆嫩爽口,味道鲜美,有特殊的香味,营养丰富,蛋白质含量高,含有人体所需的 18 种氨基酸,其中含量最高的是蛋氨酸占 2.49%,其次为谷氨酸、天门冬氨酸、异亮氨酸、甘氨酸和丙氨酸。总氨基酸含量为 16.86%。而且各种矿物质和维生素类物质含量也都很丰富。根据国家食品质量监督检验中心(北京)检验报告,茶薪

菇营养成分为：每100克（干菇）含蛋白质14.2克，纤维素14.4克，总糖9.93克；含钾4713.9毫克，钠186.6毫克，钙26.2毫克，铁42.3毫克。由于茶薪菇的品种、栽培原料和栽培季节不同，其营养成分有一定差异。

中医认为：茶薪菇性平，甘温，无毒，益气开胃，有健脾止泻，抗衰老、降低胆固醇、防癌和抗癌的特殊作用。具有补肾滋阴、利尿、治腰酸痛、渗湿、提高人体免疫力等功效，还可用来治疗头晕、头痛、呕吐，血压不稳等病症。茶薪菇是高血压、心血管和肥胖症患者的理想食品。常食可起到抗衰老、美容等作用。

临床实践证明，茶薪菇对肾虚尿频、水肿、气喘，尤其小儿低热、尿床，有独特疗效。现代医学研究表明，茶薪菇由于含有大量的抗癌多糖，其提取物对小白鼠肉瘤180和艾氏腹水癌的抑制率，高达80%~90%，因而人们将茶薪菇誉为"抗癌尖兵"。

茶薪菇既有很高的营养价值，也能预防和治疗多种疾病，集营养、保健和医疗于一身，是理想的食、药兼用菌类。

二、茶薪菇生产特点与存在的问题 ······················◆

目前,茶薪菇自然季节栽培在我国主要有福建和江西两大产区,各产区由于地理、资源、气候等因素的不同,栽培各具特点,望生产者因地制宜,取长补短。

茶薪菇 种植能手谈经

(一)茶薪菇产业化发展现状

茶薪菇是著名的食用兼药用菌,营养价值十分丰富,含有人体多种必需氨基酸,茶薪菇的市场需求量十分巨大。

目前,茶薪菇产品以保鲜与烘干为主,内销 150 多个大中城市,并且出口东南亚各国及销往我国香港、澳门特区。从市场的消费势头来看,茶薪菇已经成为都市居民"菜篮子"里面常见的食品,而在都市餐饮业的菜谱上也成为食客最为喜爱的美味山珍。随着生产的发展,近年来其市场定位已逐步走向蔬菜化,保鲜茶薪菇从南方基地直接运往上海、广州、深圳、长沙、北京、西安、武汉等大都市,售价都在每千克 15 元左右,冬季和夏季产量低时售价每千克 25 元左右。大多消费群体已经接受了茶薪菇作为大众食品进入蔬菜市场,市场容量逐步扩大,消费潜力巨大。

茶薪菇栽培起源于江西省广昌、宁都、吉安等县(市)。20 世纪 90 年代延伸发展到福建、广东、湖南、山东、上海、天津等省市。其中福建发展速度较快,仅古田县每年栽培量就达 3 亿袋,形成全国最大茶薪菇生产基地。

我国自 20 世纪 90 年代把茶薪菇列为珍稀菇品开发以来,发展速度很快,现有全国栽培数量达 10 亿袋[(15~17)厘米×(30~35)厘米规格栽培袋]。2010 年产量达 32.4 万吨(鲜品)。其中主产区福建省占 43%,江西省占 15.4%,山东省占 3.4%,广东、湖南、浙江、河南、安徽、江苏及上海、北京、天津等省(市)占 38.2%。许多省(区)都把茶薪菇作为食用菌产业主攻品种来开发。

(二)茶薪菇栽培存在的问题

目前,我国茶薪菇生产方式 95%属于个体生产,靠自然气温栽培粗放型的社会化生产,而规范化设施栽培仅有 5%。由于这种粗放型栽培模式与安全、高效、优质栽培的新要求差距较大,问题突出表现在以下几个方面:

1.基础设施简陋,潜藏消防隐患 社会化栽培在老产区,其起源是一家一户在房前屋后搭盖一至二个简易菇棚,逐步扩展到田野成片建棚。这种菇棚以竹木为骨架,四周膨体泡沫和塑膜构成,棚顶和外围加草帘遮阴。因其成本低廉,构建容易,很快普及推广形成连片棚群。在茶薪菇社会化生产中,起到了加快发展速度的作用。然而这种简易菇棚在生产上,限于自然气温栽培或控温上一些调节作用,存在一个极为严重的问题是安全消防隐患,多处菇棚失火。另一方面洪涝、台风灾害造成菇棚被冲垮等不安全事件也时常发生。

2.产品档次不高,效益仍属微薄 社会化生产的产品定位为农贸菜市场,大众化菜篮子常见食品,其价位属于低档型。茶薪菇鲜品收购价平均 6~8 元/千克,低时 3~5 元/千克,冬季缺货时比正常上浮 50%亦有。从整个生产分析,菇农靠的是"以量取胜"。资金和劳力投入极大,所获利润仍属微薄范围,未能实现高效目的。

3.管理不规范,出口潜能没发挥 茶薪菇前几年之所以未能迅速打入国际市场,除了因其发展历史不长的因素之外,更重要是茶薪菇生产过程管理不规范,产品农残超标,所以外销一直难以拓宽。

4.劳动力紧张,配套机械没跟上 从现有茶薪菇生产发展情况看,需要大量劳动力投入。由于进入社会化生产后,菇农现有劳动力紧缺,而且男工劳动工价由过去每天50元提高到目前150~200元;女工劳动工价由过去每天25元提高到100~150元。成本的提高迫使种植户推广机械化,以便减少劳动力投入,同时有利实现生产工艺规范化。但从现有配套机械来看,符合转型工厂化、标准化生产机械设计,尚未达到生产实用性的要求,形成供求矛盾。

(三)茶薪菇产业化发展前景

由于茶薪菇具有丰富的营养价值,既是名贵的营养滋补佳品,又是抗癌补肾的补药,市场的需求量大。因此,栽培茶薪菇有着很好的市场前景。

茶薪菇栽培生产是一项本小利大、无污染、低能耗、市场前景广阔、可持续发展的新兴产业。其生产原材料主要利用当地的农作物副产品资源变废为宝,具有不与人争粮、不与粮争地、不与地争肥、不与农争时,具有占地少、用水少、投资小、见效快等特点,同时能把大量废弃的农作物秸秆转化成为可供人类食用的优质蛋白与健康食品,并可安置大量农村剩余劳动力。因此,大力发展茶薪菇栽培符合国家和地区产业政策。

茶薪菇培植遵守国家产业政策及农业产业区域规划,符合经济和社会发展需要,既有必要性,又有可行性。茶薪菇高效培植既有经济效益,又是绿色产业工程,具有非常显著的社会效益和生态效益。茶薪菇培植采用立体式、周年化生产模式能有效缓解土地资源紧缺,节水、高效的茶薪菇生产模式能有效降低生产成本,源源不断供应市场。

当前我国菌类产品的供求关系已由数量制约转变成品种、质量、市场制约为主,必须改变长期以来菌类产品的增长方式和粗放的生产经营模式,适时地对菌类产品结构进行调整和优化,在开发新产品的基础上突出质量和效益,提高产品的市场竞争力。茶薪菇标准菇棚栽培是茶薪菇栽培发展的趋势,它有利于提高产品的品质;有利于促进食用菌栽培机械化程度的提高;有利于产业化的发展;有利于增加茶薪菇的产量。质量上乘的茶薪菇被称作“雪耳”,既是名贵的营养滋补佳品,又是扶正强壮之补药。历代皇家贵族将茶薪菇看作是“延年益寿之品”、“长生不老良药”。通过产业化生产,更能生产出质量上乘,营养价值丰富的茶薪菇。因此,规模化、产业化栽培优质、价宜的茶薪菇符合市场的需求,也符合产业发展的趋势。

总之,在栽培茶薪菇过程中应以市场为导向,根据市场动态,调整每批次的种植数量,注意扬长避短、因地制宜,根据当地有利的资源、气候条件,发展具有区域特色的名、特、优、新品种。从市场走势看,不论是茶薪菇鲜菇还是干菇,品质高的茶薪菇便会受到市场和消费者的青睐。广大生产者要严格组织生产,形成以增强科技创新能力和标准化生产、行业龙头企业引领的产业化发展格局,进一步提升茶薪菇的产品质量,全面打开国内市场,最大限度地满足消费者的需求,以便获得经济效益和社会效益。

行家说药

三、茶新菇生产发展趋势 ⋯⋯⋯⋯⋯⋯⋯⋯⋯⋯⋯ ◆

　　任何一个产业的形成都会经历由诞生到成熟的发展历程,都有其阶段性的发展模式。其发展速度的快慢、前景的好坏,取决于该产品对人类回报率的高低。

（一）茶薪菇的发展模式

1.行业不同生产经营模式的演变　茶薪菇行业主要存在三种生产经营模式,即传统农户生产模式、公司+农户生产模式和工厂化生产模式,在不同的历史阶段存在不同的经营模式,见图2。

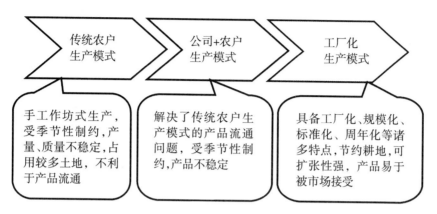

图2　茶薪菇不同生产模式的演变

我国是农业大国,农业是立国之本,传统农户生产模式是我国历史上存在时间最长、范围最广的生产模式。改革开放以后,随着市场经济的蓬勃发展,开始出现公司+农户的生产模式,即企业与农户之间组成相对稳定的合作联合体,企业为农户提供菌种、技术指导,农户负责种植、管理茶薪菇,一般按协议价格出售给企业,再由企业负责统一向市场销售。随着社会分工的进一步细化,20世纪90年代末开始兴起工厂化生产模式,茶薪菇生产企业利用生物及工业技术控制温、湿、光、气等环境要素,使茶薪菇菌丝体生长和子实体发育在人工模拟生态环境中完成,从而实现茶薪菇的工厂化、标准化、周年化生产。

目前,我国茶薪菇行业处于三种生产模式并存的状态。工厂化生产模式属于近10年来兴起的一种新型模式,其市场份额相对较小,处于发展阶段,由于其具备其他两种模式不可比拟的优势,发展空间也远大于其他两种模式。

2.不同生产经营模式及特点

(1)传统农户生产模式　传统生产模式仍然是我国茶薪菇主要生产模式,主要特征是千家万户各自以"手工作坊"的方式进行种植。由于菇农的素质和栽培条件不一,生产的产品质量参差不齐,产量不稳定。产品供应比较集中,仅局限于固定的时间和季节,较难实现全年供货。同时受销售渠道限制,市场竞争力较弱。

(2)公司+农户生产模式　在公司+农户生产模式下,企业为农户提供菌种和技术指导,向农户按协议价格收购产品,并负责产品的最终销售。农户负责茶薪菇的栽培管理,并按协议价格将茶薪菇出售给企业。该种模式的优点是基本形成产业化格局,社会分工进一步细化,有利于提高生产效率,但仍难以克服产品质量稳定性差、供应受季约束等缺点,在标准化生产及产品质量控制上较难满足市场要求。

(3)工厂化生产模式　茶薪菇工厂化栽培是具有现代农业特征的产业化生产模式。

其采用工业化的技术手段,利用生物及工业技术控制温、湿、光、气等环境要素,在相对可控的环境条件下,组织高效率的机械化、自动化作业,实现茶薪菇的规模化、集约化、标准化、周年化生产。产品可全年均衡生产和供应,产品质量高、产量稳定。

茶薪菇生产除需具备专业知识外,还涉及其他如微生物学、遗传学、生态学、栽培学、气象学等多学科知识。工厂化生产在此基础上还需具备制冷、机械、建筑、保温等工业技术,并应用农业企业化管理方式,属于现代化高科技农业生产模式。与其他两种模式相比,工厂化生产模式具有以下优势:

1)生产效率高 工厂化生产采用瓶栽或袋栽方式进行,生产过程实现机械化,生产的机械化进一步推动生产的标准化,从而实现产品质量和产量的稳定提高,在同等条件下,工厂化生产的效率比传统模式高出约40倍。另外,传统生产模式的产量会受气候等因素影响而变得不稳定,而工厂化生产模式产量稳定率平均可达90%以上,远高于传统生产模式。

2)有利于保障食品安全 工厂化生产便于建立无害化茶薪菇杂菌感染和病虫害的防治体系,便于对原辅材料进行检测和选择,便于对生产环境的检测和监控,在产品安全、卫生、品质方面具有明显优势。目前,部分技术水平高的工厂化生产企业,可以在生产过程中不使用任何农药,最大限度地满足消费者对食品安全的要求。

3)产品质量稳定 工业技术的应用使得工厂化生产中的菌丝体和子实体所处的环境基本一致,为生产出高质量产品奠定了基础。由于工厂化生产的茶薪菇生长环境可控,生长需要的温、湿、光、气、营养需求等均能定量化,生产出的产品质量稳定可控。而传统生产模式生产的产品,其高度、含水量、菌柄的粗细、菌盖的大小等很难达到统一,产品质量较难稳定。

4)周年化 工厂化生产环境可以进行人工调节,不受气候影响。因此,工厂化生产可以实现周年化,能够常年稳定地供应市场,有利于公司销售和客户的稳定,同时有利于保持客户对公司品牌忠诚度。

5)产品附加值更高,效益更好 由于产品优质、安全、无公害,周年化供应,产品容易受到消费者青睐,便于建立良好的专业品牌,为企业带来较高的经济效益。

6)可复制性 理论上在适宜的温度和湿度条件下,生物菌种具备无限繁殖的能力,没有严格的地域限制,因此企业只要具备厂房、设备、资金等条件,可在较短时间内实现快速扩张。

(二)茶薪菇市场需求分析

1.宏观环境分析

(1)城乡居民收入提高、消费升级带来了巨大的行业发展空间 近年来,我国国民总值保持快速增长势头,国内生产总值已经从2000年99 214.6亿元增加到2013年的550 548亿元。与此相对应,城乡居民收入也保持快速增长,2000年我国人均纯收入为7 858元,2013年已经增加到38 499元。2009年12月初召开的中央经济工作会议已明确指出以扩大内需特别是增加居民消费需求为重点,以稳步推进城镇化为依托,优化产业结构,努力使经济结构调整取得明显进展的发展方针。要扩大居民消费需求,增强消费对经济增长的拉动作用。要加大国民收入分配调整力度,增强居民特别是低收入群众消费能力。要适应群众生活多样性、个性化的需要引导消费结构升级。

政策推动将成为引领消费时代到来的重要力量,而食品作为消费的主力品种之一,必将迎来一个全新的发展时期。在居民收入和消费稳步增长及国家鼓励消费的宏观背景下,食用菌产品尤其是工厂化绿色茶薪菇,因具备良好特性,具有巨大的市场发展潜力。

(2)"一荤、一素、一菇"将引领饮食消费 科学饮食、平衡营养,是现代快节奏形势下提出的新概念,是广大居民普遍关注的话题。近年来,菇类在各大餐馆的"点击率"也呈上升趋势。有营养学家形象地表示吃"四条腿"的(猪、牛、羊等)不如吃"两条腿"(鸡、鸭、鹅等),吃"两条腿"的不如吃"一条腿"的(菇类),由此可见食用菌在居民消费中的地位。菇类的养生方法更是得到了各国的重视。联合国曾提出,人类最佳的饮食结构就是"一荤、一素、一菇"。世界卫生组织提出的六大保健饮品就包括绿茶、红葡萄酒、豆浆、酸奶、骨头汤和蘑菇汤。

由于工厂化模式的推行,茶薪菇产品具备了诸多特点,是未来菌类消费的主力军。随着居民生活水平的提高,人们在注重菇类产品消费的同时,对食品安全意识和营养意识亦会明显增强,对食品的要求也越来越高。工厂化生产的茶薪菇由于具备安全、优质、绿色、环保、新鲜等特点,符合现代人们追求生活品质的要求,容易被广大居民认知并接受,其未来的发展空间很大。另外,因工厂化生产的茶薪菇容易建立品牌和产品追溯制度,最大限度地保护了消费者权益。因此,工厂化生产的茶薪菇等产品将会更加受到消费者的信赖。

(3)餐饮业的快速发展,将带动食用菌行业发展 随着居民可支配收入的增加,出外就餐的机会越来越多。餐饮业是食用菌消费的重要渠道,以食用菌为主料的菜品逐年上升。同时,由于餐饮业尤其是高端餐饮业为确保饮食安全对原料的安全性和环保性要求较高,因此对工厂化生产的产品需求量也呈现日益增长趋势,餐饮业已经成为食用菌消费新的推动力量。

2.市场未来发展前景

(1)政策好 国家产业政策支持,符合我国国家粮食发展战略,食用菌生产尤其是工厂化生产符合我国国情和粮食发展战略要求。我国人口占世界人口的22%,耕地占世界耕地总面积的7%,要用7%的耕地养活22%的人口,任务相当艰巨。此外,我国水资源人均拥有量仅是世界水资源人均拥有量的1/4,属于贫水国家。食用菌具有"一高"(效益高)、"两低"(占用耕地低、用水低)特点,"两低"具体表现为:食用菌生产大多使用立体式栽培,特别是工厂化生产尤为突出,对土地的占用较少;食用菌生长过程中除在培养基制作和出菇期需要一定的水分外,其他环节一般无需用水,除了香菇、平菇外,绝大部分食用菌品种的用水量都很少。

食用菌占用耕地少、用水量少的生长特性符合我国人口众多、可耕地面积少、水资源贫乏的国情,能为居民提供营养丰富的食品来源,在一定程度上保障粮食供应安全。

包括食用菌在内的农业一直是国家大力扶持的产业,近年来,国家陆续出台了一系列农业扶持政策以促进农业发展。

(2)资源再利用　发展食用菌产业符合《中华人民共和国循环经济促进法》有关发展循环经济提出的"减量化、再利用、资源化"要求,可有效促进循环经济发展,提高资源利用效率,保护和改善环境,实现可持续发展。科学研究表明,各种大型真菌是降解纤维素类的天然生物,能将各种大分子纤维素、半纤维素和木质素转化为小分子的糖类等营养物质,将植物、生物通过生物转化,纳入能量循环,而食用菌是大型真菌的杰出代表,在农业生产(粮食和其他作物)——秸秆利用——食用菌——食用菌栽培基料——有机肥料还田——农业再生产这一真正意义上的农业生产大循环中,食用菌处于核心位置,它发挥着难以替代的作用。食用菌生产需要以培养基为生产原料,培养基的主要原材料、辅助材料是棉子壳、玉米芯(玉米秸秆)、甘蔗渣、木屑、米糠、麸皮等多种农作物秸秆和工业下脚料。食用菌能神奇地将它们变废为宝——为人类提供优质蛋白质等营养物质,食用菌收获后剩下的培养基经加工处理后既可作为绿色有机肥再施用到农田,还可作为畜牧业的饲料,减少人畜争粮的压力,甚至可作为燃料再利用。因此,食用菌产业是实现林业、种植业、畜牧业及其加工业的农业生产大循环的关键产业,能实现资源的有效再利用,见图3。

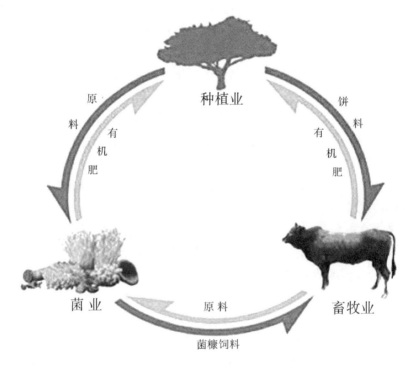

图3　种植业、畜牧业和食用菌产业经济循环示意图

(3)行业技术水平快速提高　食用菌是技术密集型产业,自改革开放以来,我国的食用菌在基础研究和栽培技术上均取得较大进展,主要体现在以下几个方面:

1)食用菌遗传育种取得了重大成就　商业性栽培的食用菌种类已从20世纪80年

代的 16 种增加到目前的 60 多种,其中有 30 种已规模化栽培。

2)栽培工艺、技术取得了较大进展 选料、配料、灭菌、接种、菌丝培养、管理等关键技术的水平也越来越高。

3)其他一些关键技术有了新的突破 液体菌种培育技术、秸秆类栽培料的创新处理技术、反季节栽培技术、无菌接种技术、人工模拟生产环境控制技术等都有不同程度的创新和提升。技术进步提高了食用菌的生物转化率,增产效果显著,产品质量也得到较大提升,增加了消费规模,同时为工厂化生产奠定了基础。

(4)符合现代消费升级要求,市场前景广阔 随着我国居民家庭收入的增加,生活消费水平的不断提高,越来越多的家庭更加注重生活质量和生活品位,营养丰富的绿色、环保食品备受青睐。食用菌营养丰富,富含蛋白质、氨基酸等营养物质,并具备抗癌、抗衰老等保健功效,能够提高机体免疫能力,有益于人类健康,契合了现代消费升级的要求,其消费量也逐年增加,未来发展前景广阔。2010~2015 年全国食用菌消费量与需求预测见图 4。

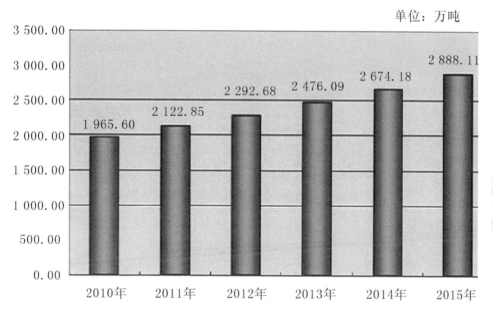

单位:万吨

图 4 2010~2015 年全国食用菌实际消费量与需求量预测

中篇 | 能手谈经

从古至今"留一手"现象在技术领域都有不同程度的存在。在此，刘国振同志能将自己20多年来生产茶薪菇的经验教训倾囊相赠，实在是难能可贵。

谈经能手代表简介

刘国振,现任河南省周口市富苑食用菌股份有限公司董事长,中国食用菌协会会员,周口市食用菌协会理事。

联系电话:13707629362。

通讯地址:河南省周口市中州路北段455号。

刘国振同志自1988年开始从事食用菌种植,20多年来从未间断。期间走过不少弯路,为解决技术难题,遍访名师,博采众长,虚心学习,探索、引进茶薪菇等食用菌新品种及栽培新技术,在本地进行组装配套、试验、总结、示范、推广。通过他指导栽培的茶薪菇生物学产量,已经由刚开始生产时的40%~60%提高到90%~100%。目前,该区域茶薪菇已远近闻名,求购者络绎不绝。

功夫不负有心人,刘国振成了赫赫有名的茶薪菇种植能手。

能手谈经

一、种菇要选风水宝地

茶薪菇的生产不但需要一个适宜生长发育的小环境，而且也要求生产场地的大环境清洁、卫生。

(一)场地清洁卫生

场地环境要求地面平坦、开阔、高燥,通风良好,排灌方便,避免涝灾,远离病虫源。远离面粉厂、饲料厂、粮库、禽畜场、堆肥场、垃圾站,远离村庄和城镇居民区等一切产生病虫害源区。地处污染区的菇棚,见图5。

图5 处在污染区的菇棚

案例:河南省周口市川汇区石店村茶薪菇种植户石国山,于2005年利用村边空闲地搭建占地400米²的大棚2栋,用于栽培茶薪菇,由于是第一年栽培,严格按照技术员要求操作,再加上是新建大棚,原料都是10月生产时购进,栽培获得了成功,取得了良好的经济效益。2006年,由于有了初步经验和栽培信心,在出菇结束后的7月即备齐了生产原料,8月下旬便开始制袋栽培,结果在菌丝长至料袋3厘米左右时,部分菌袋出现了不同程度的"退菌"现象,袋内浓密洁白的菌丝逐渐消失,出现了水渍状腐烂,当时也没太在意,将菌袋发满开袋搔菌后,大量菌袋料面迟迟不现菇,方才引起注意,后经技术人员细致观察,才发现是受到了大量的螨虫、线虫的侵害,而其他区域的菇棚内却未受侵害。经技术人员实地勘察,发现系环境所致,因其棚区南50米处有一个养鸡场,棚区北100米处是养猪场,二者均是螨虫、线虫的传播源,加上其生产季节提前,高温、高湿适宜虫害传播繁衍,这些都是造成危害的主要根源。

(二)无污染源

避开水泥厂、石料场、热电厂、造纸厂等"三废"污染源5 000米以上。因这些单位在生产过程中会产生大量有害的烟雾(图6)、废水(图7)和粉尘(图8),会给周边空气及地下水源造成严重污染,从而给茶薪菇生长及产品质量安全构成极大的威胁。

茶薪菇种植能手谈经

图6 热电厂排出的烟雾

图7 造纸厂排出的废水

图8 石料场产生的粉尘

案例一:河南省川汇区南郊乡小王庄村茶薪菇种植户王常喜,于2004年在责任田内建400米²温室大棚5栋种植茶薪菇,年栽培量在40 000袋,在其精心管理下,茶薪菇长势一直很好,经济效益也很可观。2007年5月20日,正当长势喜人的大量鲜菇即将上市时,却出现菇体发黄、萎缩症状,因其种菇两年从未遇见过类似现象,一时慌了手脚,四处向同行寻诊问药,均未找到原因和有效的治疗方法。

后经专业技术人员实地勘察并详细了解情况后得出结论,系热电厂释放的浓烟所致,因其大棚距热电厂仅500米左右,在天气正常情况下,浓烟给周边环境造成的影响不易引起重视,但遇到连续阴雨、无风天气,大量烟雾受大气层气压影响,会下沉地面,由于浓烟所含的有害物质主要是一氧化碳和二氧化硫,当这些物质在空气中达到一定浓度时,会给出菇期的茶薪菇等食用菌造成致命的伤害。这些茶薪菇就是遇到了连续几天阴雨连绵,而出菇期的茶薪菇又需要大量氧气,菇棚处于经常通风状态,使大量有害气体进入菇棚,造成了上述情况的发生。

案例二:河南项城市南顿镇张庄村种植户张清林,于2007年8月在味精厂南500米左右建造500米²茶薪菇菇棚6栋,自打一眼30米深机井供生产用水,当年10月下旬至11月下旬栽培茶薪菇72 000袋,结果菌丝吃料后生长缓慢、稀疏呈灰白色,其他区域与其同时栽培的菌袋菌丝洁白、粗壮浓密。经与多个技术人员和老种植户咨询，结果众说不一，有的说是辅料问题、有的说是灭菌或菌种的原因，均未注意到水的问题，还说只要菌袋发满多培养一段时间，不会影响出菇，这也让张清林暂时安了神。

确实，菌袋发满菌丝后，随着继续培养时间的延长，菌袋内的菌丝有逐渐变浓白的迹象，虽然推迟了出菇期，这也让张清林沉重的心情得到了很大的好转。菌袋发好后，经过催菇，整齐的菇蕾在料面形成，随着菇蕾的长大，棚内需要喷水增湿，在管理中发现喷水后的子实体有发黄、萎缩、僵死现象，起初还以为是喷水过早、偏重所致，直到一次因电路维修造成长时间停电，需从别处拉水用于喷洒增湿，才发现喷水后的菇蕾并未出现上述症状，方才认识到是水的原因。

(三)方便管理与销售

菇场应选在交通方便，水电供应有保证，保温、保湿性能好的地方。俗话说，交通是产品流通的命脉，特别是以鲜销为主的茶薪菇，产地道路是否通畅直接关系到生产成本和经济效益的高低。水电是生产的基本保障，在机械化生产水平日益提高的今天，充足的电力可为生产起到事半功倍的效果。具备良好的保温、保湿环境和科学合理的调控，可使茶薪菇产量、质量和经济效益明显提高。

能手谈经

二、栽培设施建造 ·······························◆

做什么事情都需要一定的条件,栽培茶薪菇也不例外,同样需要人为营造一个适宜其生长发育的环境。

根据这些年栽培茶薪菇的实践经验,用日光温室、大型拱棚、脊形大棚三种设施生产茶薪菇均可。特别提醒读者,对于大棚的类型在没有足够的使用经验情况下,最好不要擅自改动,因不同类型的大棚对菇形控制差异较大,以免因管理细节不到位而影响鲜菇的商品价值,从而给生产造成损失。

如我在开始种植茶薪菇时,就曾为节约成本,在以前种植平菇的简易菇房内栽培茶薪菇 20 000 袋,由于简易菇房存在着密封不严、保温和保湿性能差等问题,在出菇管理期间温、湿度和通风不易调控,结果长出的茶薪菇柄粗、盖大、色深、产量低,致使仅收回了 60%的成本,白忙了一季还赔了钱。

(一)温室

跨度 6~10 米,棚长 50~60 米或因地制宜。前坡一拱到底,拱杆可用水泥、钢筋预制,也可用钢管、钢筋焊接。后坡长 1.2~1.5 米,矢高 2.6~3.2 米,后墙高 1.5~1.8 米,厚 0.5 米,距地面 1~1.2 米留 25 厘米×30 厘米的通气孔,孔距 1.2~1.5 米。中间无支柱,后坡构造及覆盖层主要由木板或混凝土预制件构成。温室四周开排水沟。温室外观及内部结构见图9、图10。

图9　温室外观

图10　温室内部结构

（二）拱形塑料大棚

该类型棚在茶薪菇生产中使用较多，因受地形限制以南北走向者居多，个别也有东西走向。所用拱杆均为钢筋水泥预制，棚宽 10~12 米，长 50~60 米或因地制宜，矢高 3.2~3.4 米，大棚中间根据楼板的长度，纵向建 37 厘米×50 厘米的砖墩，用于支撑楼板。拱杆上头固定在楼板上，下头栽入地下 30 厘米左右。拱形大棚外观及内部构造见图 11、图 12。

图 11　拱形塑料大棚外观

图 12　拱形塑料大棚内部构造

（三）脊形塑料大棚

脊形塑料大棚骨架以竹木为主，棚宽 8~10 米，长 50~60 米或因地制宜，矢高 3~3.2 米，中间纵向由脊檩和顶柱形成支撑，每隔 50 厘米横担一根竹竿。大棚两边均砌 1~1.2 米高的砖墙，距地面 30 厘米左右留 25 厘米×40 厘米的通风孔，孔距 1.5 米左右。根据棚的长度，两头山墙也留有若干通风孔。脊形塑料大棚外观及内部构造见图 13、图 14。

图 13　脊形塑料大棚外观

图 14　脊形塑料大棚内部构造

　　以上三种设施墙体、骨架建好后,先在棚顶上覆盖一层塑料薄膜作底膜,棚膜拉紧固定后,上一层草苫、泡沫板或棉被用于遮阳保温,然后再上一层膜用于防水,最后再上一层草苫或棉毡保护上层棚膜。

中篇　能手谈经

茶 新 菇

种植能手谈经

三、生产季节安排 .... ◆

　　根据当地的气候特点，合理选择生产季节，是低投入、高产出、高利润的基础。

周口市位于河南省的东部,地处黄淮平原,市区沙河、颍河、贾鲁河三川交汇。位于东经114°38′、北纬33°37′,雨量适中,气候温和,四季分明,市区年平均温度18.7℃,1月温度最低,平均气温为2.7℃,7月温度最高,平均气温为27.9℃;年平均降水量为970.1毫米,主要集中在夏季,年平均湿度为68%,年平均降雪日为13天,无霜期平均为214天。属于典型的暖温带半湿润大陆性季风气候,四季分明,夏季炎热多雨,冬季寒冷干燥,春夏多南风,秋冬多北风,突出的环境和资源优势为茶薪菇发展提供了极大的利润空间。

根据当地的自然条件,结合茶薪菇菌丝生产温度10~34℃、最适23~28℃的生物学特性要求,科学安排春、秋两季栽培季节。具体掌握好两个环节:一是接种后40~50天,当地气温不超过32℃;二是接种日起,往后推60天进入出菇期,当地气温不超过30℃,不低于15℃。周口春栽宜安排在2月下旬接种栽培袋,秋播在8月下旬接种栽培袋,有栽培设施的则另当别论,可实行周年栽培。

案例:2008年河南省周口市川汇区城北办事处李营行政村种植户李安民,承包某公司四个日光温室,由于某些原因,日光温室直到3月底才能完工,安排蔬菜栽培季节已晚,听说茶薪菇是中高温型菌类,就着手准备种两棚茶薪菇,按每棚30 000袋计划。由于经验不足,60 000袋菌袋接种完毕已过5月1日了。由于气温突然升高到28℃以上,菌丝开始发菌且生长很快,但是生长很不整齐,有的已经发满菌袋了,有的还不见生长。杂菌污染也越来越严重。急忙请教专家,发现由于栽培期过晚,时间过长,气温升高,影响菌丝生长,致使杂菌污染严重,造成重大损失。

茶薪菇 种植能手谈经

能手谈经

四、选好品种能多赚钱 ‑‑‑‑‑‑‑‑‑‑‑‑‑‑‑‑‑‑‑‑‑‑‑‑‑‑‑‑‑‑‑‑‑‑◆

　　品种在很大程度上决定着产品的产量、品质及商品性状,优良品种是茶薪菇生产能否优质、高效的基础。

　　我从1996年开始种茶薪菇,至今已换过四次品种了。最初栽培的是茶薪菇1号,之后引进茶薪菇2、3、5号及AS-2等品种,目前栽培的古茶2号是从福建古田引进的。该菌株属于中温偏低型品种,早熟,耐寒,好氧,转潮快。菌丝生长温度5~38℃,最适为23~26℃,子实体形成温度15~35℃,最适为17~28℃,pH 7~7.5。子实体丛生,菇柄长,菌盖褐色,耐低温。冬季出菇量多,抗逆性强,不易开伞,适合保鲜,加工即食食品,柄脆香浓,纯正,口感好。茶薪菇不要盲目引种,不经过试验切不可大量栽培。

　　案例一:2010年春,河南省周口市川汇区蔬菜研究所李伟等人,栽培茶薪菇30多万袋,以棉子壳为主料,采用传统配方:棉子壳88%、麦麸10%、石膏1%、石灰粉1%。菌种分别从许昌一公司和周口食用菌工程技术研究中心购进。栽培后发现,一部分菌袋菌丝生长缓慢,杂菌污染率高达20%;而另一部分菌丝生长正常,杂菌污染率5%以下。请专家鉴定发现,由许昌购进的菌种,放置时间过长,菌丝老化,活力弱,而在本地及时购进的菌种,由于菌龄适宜,菌丝活力旺盛、萌发快,杂菌污染率低。

　　案例二:河南省周口市淮阳县白楼乡杨庄行政村食用菌专业户杨奇才,1998年秋栽培茶薪菇12万袋,采用配方为:木屑78%,麦麸20%,石灰粉1%,石膏1%,8月上旬就从福建购好了菌种,然后边建设施,边拌料栽培,直至9月上旬才全部栽完。9月下旬发现菌种迟迟不萌发,大量菌袋出现杂菌污染,最后成功出菇的不足4万袋,造成了巨大损失。后经专家分析,认为由于缺乏技术,盲目上马,菌种放置过久,栽培期不集中,从而造成菌种老化,活力下降,抗杂力弱,污染严重。

五、自制生产用种能省钱 ············ ◆

在大规模生产中，要想节约生产成本，提高栽培效益，自制生产用种是一种行之有效的方法。但生产者必须具备常用的生产设备，掌握专业的制种技能及菌种质量鉴别与保藏的专业知识。

菌种质量是茶薪菇栽培能否赚钱的关键环节。只有在选用优良品种的基础上，采取正确的制种方法，制出纯度高、性能优良的标准化菌种，才能取得良好的生产效益。因此，制种是一项认真细致、要求严格的工作，只有在具有一定实践经验和配套设备的前提下，方能考虑自制菌种。切不可轻信制种技术很简单，买本制种技术的书一看或能种好菇就可以制种。菌种一旦出现问题未被发现而应用于生产，造成杂菌污染将会给生产者带来严重的经济损失。

案例：2002年河南省周口市扶沟县大李庄乡大力发展茶薪菇，从本县一个专业户购买了大量菌种，又从周口市一食用菌研究中心购买了少量菌种。接种一周后发现90%的菌袋发酸发臭，菌丝不吃料，而从食用菌研究中心购买的菌种则发菌正常，请专家鉴定发现，专业户生产的菌种带有细菌污染，没有及时发现，后期菌丝把细菌覆盖了，用这样的菌种接种到新的菌袋上，由于环境条件的改变，细菌大量繁殖，造成培养料发酸发臭，菌丝难以生长。后来专家建议重新增加石灰拌料，高温发酵后用来栽培平菇，挽回部分损失，但也造成了人力物力的浪费，给茶薪菇生产造成了极大的影响。

（一）茶薪菇的菌种分级

茶薪菇菌种，是指人工培养并进行扩大繁殖后，用于生产的纯菌丝体及其培养基的混合体。根据菌种的来源、繁殖的代数及生产的目的，通常将菌种分为母种、原种和栽培种三级，见图15。

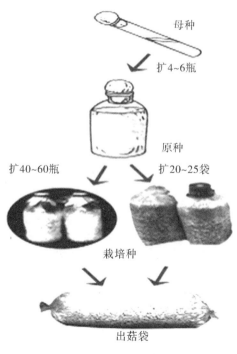

母种

扩4~6瓶

原种

扩40~60瓶　　　　扩20~25袋

栽培种

出菇袋

图15　菌种扩繁过程

1.母种 又称一级种,是在试管琼脂培养基斜面上生长的纯菌种,也称试管种或一级种,见图16。其母种的来源可以自己选育,也可从专业科研单位引进经过试验选出的优良菌株作为生产用种。不管母种来自何处,都必须经过严格的栽培试验,掌握菌株的基本生物学特性后,方可大面积投入使用。

图16 茶薪菇母种

2.原种 又称二级种,是由母种菌丝体移接到装有棉子壳、麦粒或木屑等固体培养基的菌种瓶内,培养成的菌种,见图17、图18。这一过程有两个目的,一是扩大菌丝的繁殖量,满足于大面积生产栽培种的需要;二是检验母种菌丝在不同培养基上的适应性,同时,对菌种也是一个驯化、复壮的过程。

图17 棉子壳培养的原种　　　　　图18 麦粒培养的原种

3.栽培种 又称三级种,是由原种扩大再繁殖而成,直接接种到栽培袋或栽培瓶中,供生产上大量使用的菌种,也称生产种。栽培种的培养基与原种培养基相同,容器可用菌种瓶或菌种袋,见图19、图20。

经过上述三级培养,在菌种数量扩大的同时,菌丝越来越粗壮,分解原料的能力也越来越强。

图19　菌种瓶制的栽培种

图20　菌种袋制的栽培种

生产上为了保证菌种纯度更高和缩短菌种生产周期,也可直接将原种接种到栽培袋中,降级使用。

(二)生产要求及常用设备

1.生产场所要求　生产菌种的厂房宜选在交通方便、地势平坦、水源充足且清洁、电力等能源供应有保证、空气清新、远离畜禽场和工厂等污染源的地方。简易菌种场和规范化菌种场平面布局见图21、图22。

仓库	北 ↑		煤场	
晒场菌瓶堆放处		拌料装瓶(袋)室	灭菌室	
菌种贮存室	培养室	培养室	冷却室	冷却室
			缓冲间	缓冲间
出售处		培养室	接种室	接种室

图21　简易菌种场平面布局示意图

中篇　能手谈经

简易菌种场的建设,应根据菌种销售量和发展空间的大小合理布局。菌种日生产量要与冷却室、接种室、培养室的面积相适应。培养基的配制、装瓶(袋)、灭菌、冷却、接种应当一条龙流水作业。筹建菌种场的资金除建筑开支外,重点应放在灭菌、冷却、接种、培养四处的设备和室内标准化设置上。

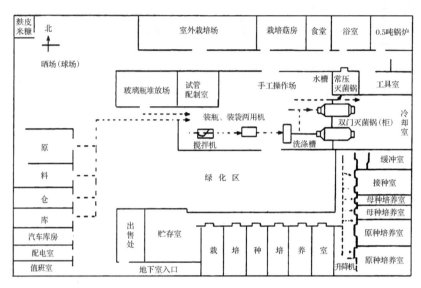

图22　规范化菌种场平面布局示意图

规范化菌种场是指严格按照微生物传播规律,建立起来的菌种场。它除了设备齐全和人员素质较高外,还应在布局上严格按照有菌区和无菌区划分,其中无菌区又有一级无菌区和二级无菌区之分。

2.工艺流程及生产要求

(1)工艺流程　按照培养基的配制—装瓶(袋)—灭菌—冷却—接种—培养的程序流水作业。室内墙壁要求水泥粉刷、照白,地面要求水泥打制、平整光滑。拌料、装瓶(袋)机械化完成。

(2)高压灭菌　应选用双门廊式灭菌锅,前门与培养基配制、装瓶(袋)的有菌区相连,后门与冷却室、无菌区相通。注意,操作过程中,双门不可同时打开,以免对无菌区造成空气污染。

(3)冷却室、接种室和培养室标准　这些场所均为无菌区,其中冷却室、接种室为高度洁净无菌区,要求配置100级空气自净器,使其保持正压状态。原料仓库、晒场为污染源,应设法隔离,以减少对各室造成环境污染。栽培场、实验室、培养基配制室均为有菌区,应保持清洁卫生。

冷却室、接种室、培养室要求用防滑地板砖或水磨石地面,四周墙壁、房顶要进行防潮处理,并安装空气过滤装置和推拉式房门,避免因开、关房门造成空气冲击。冷却室应配备除湿和强制冷却装置,接种室、培养室配置分体式空调。冷却室、接种室、培养室要保持清洁卫生,并定期消毒,工作人员要穿工作服和佩戴工作帽。

(4)对菌种场管理者的要求　应具有过硬的专业知识,并经过严格无菌操作训练,对生产过程中的各个环节要了如指掌。定期对工作人员进行技术培训和专业技能考核，避免因技术失误造成严重损失。

（5）对培养基配制、装瓶（袋）的工具、场地的要求　每天清理1~2次，特别在高温季节，更要注意，以免杂菌滋生。

3.主要配套设备　菌种场除要有合理的布局外，还应有一定的配套生产设备。生产设备的选型配套，不但决定菌种场的生产规模大小，而且与菌种质量也密切相关。若选育母种，还应具备相应的分离、检测仪器。

（1）实验室　用于检验、鉴别菌种质量，母种培养基的制作，菌种的分离、培养和保藏。室内可设仪器柜、药剂柜、超净工作台、显微镜、电冰箱、恒温箱、培养箱及相关试剂、常用工具和玻璃器皿等。如生产母种常用的工具有：电磁炉、电炉、不锈钢锅、手提式高压锅、电子天平、吊桶等；试剂有：琼脂、葡萄糖、蛋白胨、酵母膏、磷酸二氢钾、磷酸氢二钾、硫酸镁、氢氧化钠、精密pH试纸等。

（2）培养基制作设备

1）原料搅拌机　主要用于原种、栽培种和栽培料的搅拌，可明显减轻人工拌料的劳动强度，提高原料均匀度，是生产上必不可少的机械之一，见图23。目前该机型号较多，用户可根据生产情况，自行选择，有条件的也可自制。

图23　原料搅拌机

2）装袋机　可快速将拌好的培养基装入袋中，是制种、栽培不可缺少的机械。该机具有结构简单、操作方便、功效高等优点，适合栽培茶薪菇使用的装袋机有冲压式和简易立式两种，见图24、图25。

图24　冲压式装袋机

图25　简易立式装袋机

（3）灭菌设备

1）高压蒸汽灭菌锅　用于培养基的高压灭菌。有圆筒形和方形两种。圆筒形又分手提式、立式、卧式三种，均称高压蒸汽灭菌锅。因方形较圆筒形体积大、容量多，均为卧式，故此被称为高压蒸汽灭菌柜。这些设备都装有压力表、温度表、放气阀和安全阀，见图26、图27、图28、图29。

图26　手提式高压蒸汽灭菌锅

图27　卧式圆筒形高压蒸汽灭菌锅

图28　立式高压蒸汽灭菌锅

图29　方形卧式高压蒸汽灭菌柜

手提式灭菌锅一般用于母种试管斜面培养基的灭菌，立式灭菌锅用于母种培养基及瓶装原种培养基的灭菌，卧式圆筒形和方形可用于原种、栽培种、栽培袋的灭菌。

2）常压蒸汽灭菌灶　用砖、石、水泥自行砌制而成，构造简单、造价低廉，利用烧沸锅中的水产生蒸汽进行灭菌，温度一般维持在98~105℃。灭菌所需时间较长，但容量大，适宜农村和自然季节栽培茶薪菇的基地使用,容量为数百至千瓶(袋)以上。大小和式样可自行设计,常见的常压蒸汽灭菌灶有中小型常压蒸汽灭菌灶、大型常压蒸汽灭菌灶和简易常压蒸汽灭菌灶等。生产者可根据条件和生产量自行设计。常见的常压蒸汽灭菌灶有蒸房式、蒸池式和地面堆积式三种,见图30、图31、图32。

图30 蒸房式

图31 蒸池式

图32 地面堆积式

3)蒸汽发生器 有立式锅炉和卧式废油桶两种,见图33、图34。

图33 立式锅炉

图34 卧式废油桶

（4）接种室与设备

1）接种室　接种室又称无菌室，主要用于移接菌种及栽培袋。接种室应分内、外两间，里间为接种间，面积可根据日生产量而定；外间为缓冲间，面积3~5米²，高度均为2~2.5米，两间门不宜对开，装上推拉门，要求关闭后与外界空气隔绝，室内地板、墙壁、天花板要平整、光滑，以便于擦洗消毒。室内要设工作台，用于放置酒精灯、常用接种工具。工作台上方要安装可升降的紫外线杀菌灯和日光灯，有条件的可在缓冲间、接种间各安装一台100级的空气净化器，在消毒前打开直到接种结束后方能关闭。消毒时间一般为30分左右。人员进入接种室前，要戴好口罩和更换经过消毒的衣、帽、鞋，然后进入缓冲间，净化5分后才能进入接种室工作。接种室剖面、平面见图35。

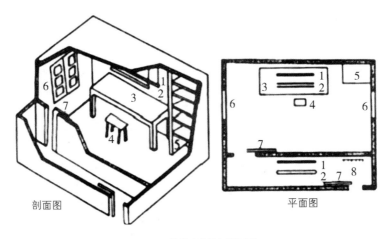

剖面图　　　　　　　　平面图

图35　接种室剖面、平面图

1.紫外线灯　2.日光灯　3.工作台　4.凳子　5.瓶架　6.窗户　7.推拉门　8.衣帽钩

2）接种箱　接种箱具有无菌程度高、消毒效果好、使用方便等优点，分双人和单人两种，要求关闭严密、无缝隙，便于密闭熏蒸消毒。双人接种箱的正、反两面操作孔要装上布袖套（单人接种箱为一面），孔外设有推拉门，消毒或不工作时关闭，保持接种箱内密闭、清洁。单人和双人接种箱见图36、图37。

图36　单人接种箱

图37　双人接种箱

3)超净工作台　是一种局部空气净化设备,它是通过空气过滤去除杂菌孢子和灰尘微粒,起到净化空气的作用。主要用于菌种的分离和转接,接种时配合使用酒精灯,效果更好。超净工作台分平流式和垂流式两种,见图38、图39。

图38　平流式超净工作台

图39　垂流式超净工作台

4)接种工具　主要有接种针、接种环、接种铲、接种匙、接种架等,母种分离时还要用到解剖刀、刀片、小镊子等,见图40。

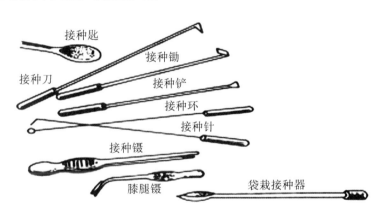

接种匙

接种锄

接种刀

接种铲

接种环

接种针

接种镊

膝腿镊

袋栽接种器

图40　常用接种工具

(5)培养室与设备

1)培养室　培养室大小可根据菌种生产规模而定,面积不宜过大,便于控制室内小气候,同时要安装排风扇和对流窗,并配备密闭装置,便于熏蒸消毒后及时排除残余药味和日常通风。并在最高和最低层配置温度计和升、降温装置等。

培养室内设有放置菌种的培养架,培养架总高2.2米左右,宽50~60厘米,层间距40~50厘米,见图41。

2)恒温培养箱　用于培养母种和少量原种,可以根据需要使温度恒定在一定范围内,箱内各部位的温度相同,比培养室的温度调节更为恒定,见图42。

图 41　培养室内的培养架

图 42　电热恒温培养箱

(三)母种制作

1.母种培养基的制作

(1)母种培养基常用配方　由于母种的菌丝较纤细,分解养料的能力弱,所以要在营养丰富而又易于吸收利用的培养基上培养。适宜母种菌丝生长的培养基很多,现介绍几种最广泛应用的母种培养基:

1)马铃薯葡萄糖琼脂培养基(PDA 培养基)　马铃薯(去皮)200 克,葡萄糖 20 克,琼脂 18~20 克,水 1 000 毫升。

制法:将马铃薯去皮、称重,切成指头大小的小块,加水煮沸 30 分,用双层纱布过滤。补充蒸发掉的水分(补足 1 000 毫升)。加入琼脂继续煮,待琼脂完全溶化后加入葡萄糖,调节 pH,然后装入试管,灭菌后制成斜面。广泛适用于培养、保藏各类真菌。

2)蛋白胨葡萄糖琼脂培养基　蛋白胨 2 克,维生素 B_1 5 毫克,葡萄糖 20 克,磷酸二氢钾 2 克,硫酸镁 1 克,琼脂 18~20 克,水 1 000 毫升。

制法:先将蛋白胨和琼脂放在水中煮沸,待全部溶化后加入其他成分即成。

3)小麦(绿豆)汁琼脂综合培养基　小麦(绿豆)400 克,蔗糖 10 克,磷酸二氢钾 2 克,硫酸镁 1.5 克,蛋白胨 5 克,琼脂 18~20 克,水 1 000 毫升。

制法:先将小麦(绿豆)浸泡 4 小时,再加热煮沸 20 分,然后用双层纱布过滤,补充蒸发的水分。加入琼脂,待其完全溶化后加入其他成分。适用于各种真菌。

4)综合 PDA 培养基　马铃薯(去皮)100 克,棉子壳 50 克,麦麸 50 克,葡萄糖 20 克,磷酸二氢钾 2 克,硫酸镁 1 克,硫酸亚铁 0.01 克,维生素 B_1 10 毫克,琼脂 18~20 克,水 1 000 毫升。

制法:把棉子壳和麦麸先用纱布包好,再同马铃薯一起加热煮沸 30 分,过滤取汁,补水后再加入琼脂,煮至完全溶化,加入其他成分。适用于培养各种真菌。效果优于 PDA培养基。

5)完全培养基(RM)　蛋白胨 2 克,葡萄糖 20 克,磷酸二氢钾 0.46 克,磷酸氢二钾 1 克,琼脂 20 克,水 1 000 毫升。

制法:同蛋白胨葡萄糖琼脂培养基。如在配方中加酵母膏 0.5~1 克,可使茶薪菇菌丝生长更旺盛。

(2)母种培养基配制的工艺　称量、取汁与补水→pH 的测定和调整→加凝固剂及分装→加棉塞、灭菌和制斜面。母种培养基制作流程见图 43。

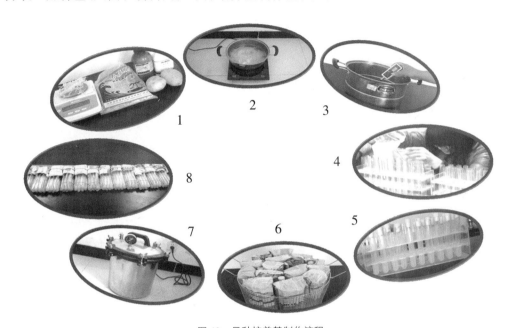

图 43　母种培养基制作流程
1.称量　2.取汁　3.测量酸碱度　4.分装　5.加棉塞　6.捆绑　7.灭菌　8.制斜面

1)称量、取汁与补水　按配方要求正确称取各种营养物质,贴好标签待用。对去皮切块的马铃薯等进行取汁,放入容器中加清水 1 000 毫升,文火煮沸 20~30 分后,用双层(湿)纱布过滤取汁。取汁后继续加热并放入其他成分,加热溶化后,补水量至 1 000 毫升。

2)pH 的测定和调整　测定 pH 用 pH 试纸或酸度计进行。过酸时,用 1 摩稀碱液(即称取 4 克氢氧化钠加水 100 毫升)进行调整;过碱时,用 1 摩稀盐酸液(即 84 毫升盐酸加水 916 毫升)调整。

3)加凝固剂及分装　将琼脂加入溶液,文火煮沸,边加热边搅拌,至全部溶解,再用湿纱布趁热进行分装。分装前要准备好容器,制作母种一般都采用 20 毫米×200 毫米试管分装。分装前要注意把试管清洗干净,新使用的试管常残留烧碱,需用稀硫酸液在烧杯中煮沸,冲洗干净,晾干备用。分装时用分装器或人工分装,用带刻度的细玻璃吸管分装比较简便。装量为试管长度的 1/5~1/4,切忌培养基污染管口,若不慎污染应立即用干净纱布擦净。

4)加棉塞、灭菌和制斜面　棉塞可过滤空气,防止杂菌浸入,还能缓解培养基内水分蒸发。所以,在培养基分装后要加棉塞。棉塞用普通棉花制作不宜用脱脂棉。棉塞大小要适中,松紧要适度,以提起棉塞试管不脱落,拔掉棉塞有轻微响声为宜。插入管内部分占棉塞总长的2/3,棉塞塞好后10支一捆,绑在一起,在棉塞外加一层牛皮纸或两层报纸。装入灭菌锅时试管要竖放,切勿倾斜。保持压力101千帕,温度121℃,30分后,把培养基取出趁热摆成斜面,斜面长度以不超过试管长度的1/2为宜。为防止斜面管壁产生大量水珠影响接种和培养,最好在锅内慢慢冷却至50℃再出锅,或摆好后立即覆盖一层棉花。

减告家行

在配制培养基时要注意:严格控制各组分的量及酸碱度;正确操作,安全使用灭菌锅;制作斜面时要轻拿轻放,谨慎小心,注意安全;分装后试管口切忌残留培养基。

2.母种分离 要想获得纯菌种,可以通过组织分离和孢子分离的方法进行。孢子分离有利于选出优良菌种,但操作复杂,工作量大,一般生产不宜选用,组织分离简便易行,较为实用。要想获得优良的纯菌种,必须选择优质种菇进行纯种分离培养。

(1)组织分离法 组织分离法是指采用茶薪菇的子实体分离获得纯菌丝的方法,属无性繁殖的范畴。组织分离所得到的后代,均能保持亲本的优良特性。组织分离法取材广泛,操作简便,易于成功。

选择出菇早、菇形好、个体肥大健壮、无病虫害、八成熟的茶薪菇子实体,在无菌条件下对子实体进行消毒处理。然后,双手从菌柄处将子实体掰开,用接种针挑取菌盖与菌柄交界处米粒大的一小块组织,放在斜面培养基上,置室温下培养5~7天,待菌丝长满斜面即可。茶薪菇个体小,菇盖薄,切取组织不易,也可选未开伞的茶薪菇蕾,经消毒处理后,剥一菌盖用接种针挑取白色菌褶,接种到斜面培养基上即可(图44)。

图44 组织分离

（2）孢子分离法　孢子分离法是指用采收茶薪菇成熟的有性担孢子，经培养、萌发成纯菌丝的方法。由此法分离得到的菌丝菌龄短、生活力强，具有双亲的遗传特性，是选育优良菌株和杂交育种的材料。孢子分离法分单孢分离法和多孢分离法两种。前者主要用于育种，后者用于生产。其过程如下：

1）选种菇　按上述组织分离法要求。

2）孢子采集　将子实体去柄，进行表面消毒（可用75%酒精擦洗或用0.1%升汞溶液浸泡1分）后用无菌水（经高压灭菌的水）充分冲洗，再用无菌纱布吸干水分。在无菌条件下将菇体菌褶朝下，接在培养皿内的铁丝架上，培养皿放在铺纱布的玻璃板上，外置玻璃罩，保温培养12~20小时孢子落入培养皿后，用胶带封贴备用。

3）配孢子液　孢子采集到以后，可用无菌水（经高压灭菌的水）稀释。

4）接种　将配好的孢子稀释液，用无菌的注射器穿透棉塞滴到斜面上1~2滴，或在无菌环境中，把孢子液涂抹在斜面上。

5）培养　将接种后的斜面在适温下培养3~4天孢子萌发成菌落时，选孢子萌发早、长势好的菌落，从菌落上挑取小块菌丝进行转管培养。

3.母种转接与培养　把菌丝生长健壮、旺盛、无杂菌感染的母种及制备好的琼脂培养基试管，放入超净工作台或接种箱内，打开紫外线灯或用烟雾消毒剂消毒25~30分，关闭紫外线灯，打开日光灯，进行转接操作。先将酒精灯点燃，工作人员的双手、接种刀、接种锄、接种铲均用75%酒精棉球反复擦拭后，再将接种工具用酒精灯火焰反复灼烧灭菌，待其冷却后，拿起母种，拔掉棉塞，用接种刀、接种锄将母种斜面纵、横切成3毫米见方的小块，用接种铲铲取一小块母种，迅速接入新的培养基试管内，见图45。

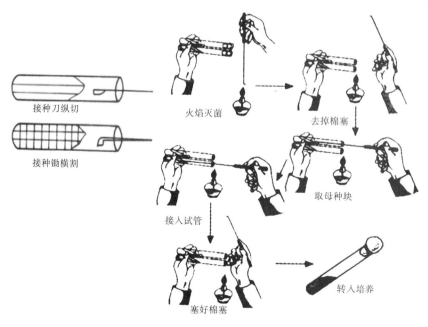

接种刀纵切

接种锄横割

火焰灭菌

去掉棉塞

取母种块

接入试管

塞好棉塞

转入培养

图45　母种转接过程

按图操作,每支母种可扩繁 30 支左右。接种后的母种置于 24℃条件下恒温培养。在培养过程中,必须经常检查是否有杂菌污染,特别要注意棉花塞上是否污染根霉、青霉、曲霉等杂菌。一旦发现污染,必须及时淘汰。经过 10~15 天的培养,菌丝即可长满试管斜面培养基,成为生产上所用的母种。

(四)原种和栽培种的制作

原种由母种繁殖而成,主要用于繁殖栽培种,也可用于生产。栽培种由原种繁殖而成,用于大量生产。原种和栽培种的培养基基本上相似。这里一并加以介绍。

1.培养基的配制

(1)木屑、麦麸培养基　阔叶树木屑(以壳斗科树为好)77%、麦麸(米糠)20%、蔗糖 2%、石膏 1%。

制法:按比例称取木屑、麦麸、石膏混匀,再称取蔗糖溶于水中。边加水边检查含水量,直至用手握培养料时,指缝略有水分渗出而不下滴。

(2)棉子壳培养基　棉子壳 96%、蔗糖 2%、过磷酸钙 1%、石膏 1%。

制法:同木屑麦麸培养基。

(3)麦粒培养基　麦粒 98%、蔗糖 1%、碳酸钙 1%。

制法:将小麦粒用水浸泡 4 小时后,煮至麦粒熟而不开花,滤去水分,滤液可制母种培养基或栽培时拌料用。摊在通风处晾 30~40 分,使麦粒表皮不湿为宜,加碳酸钙、蔗糖拌匀后装瓶,灭菌。小麦也可用大麦、燕麦、高粱和玉米代替。

(4)种木(木条)培养基　木条 83%、木屑 8%、麦麸或米糠 8%、蔗糖 0.5%、石膏 0.5%。

制法:木条(有商品出售或自制)应先浸入 1%糖水中 18 小时,取出。木屑、麦麸、蔗糖和石膏按比例混和均匀,加水拌匀(含水量 60%),取其中 1/3 与木条拌匀,装入瓶中,剩余 2/3 木屑麦麸培养基盖在上面,压实,塞棉塞灭菌。

2.装瓶与封口　上述配方任选一种,料水混匀后装入无色透明玻璃菌种瓶或专用塑料瓶。装料时边装边用捣木沿着瓶壁四周适当压实,装至齐瓶肩为止,使上下松紧一致。装瓶后,用捣木细小一端(即上细下粗木棒,下端直径约 1.5 厘米,长约 30 厘米)在料面中央打一圆孔,深至瓶底,目的是增加瓶内通气量,利于菌丝生长,也有助于灭菌彻底。最后擦净瓶口内外壁,塞棉塞或用无棉封盖封口,然后灭菌。

目前,不少地方菇农用耐高温的聚丙烯塑料瓶或聚乙烯塑料袋代替玻璃瓶。袋装料的具体方法是:选 17 厘米×35 厘米大小的聚乙烯塑料袋,装料量为塑料袋容量的 2/3,再将四周压紧,捏住袋口,套上塑料颈圈,然后盖上无棉封盖,进行灭菌。

3.原种和栽培种培养基的灭菌　灭菌是菌种生产过程中至关重要的一个环节,灭菌是否彻底直接影响到菌种生产的成败,应该引起高度重视。常用的灭菌方法有:

(1)高压蒸汽灭菌　通常在高压灭菌锅内进行。排完冷空气后,当蒸汽压力达到 147 千帕,温度 128℃时,调节热源,维持 1~2 小时。打开锅盖,取出物品。

(2)常压蒸汽灭菌　在土蒸汽锅或普通蒸笼内进行。温度 100℃,保持 8~10 小时。常压灭菌维持时间较长,灭菌过程中 pH 会有所下降,因此,灭菌前培养料的 pH 要适当提高一些。

4.原种和栽培种的接种及培养

原种又叫二级菌种,实际上由母种移接到原种培养基上,经培养后获得。制作原种的目的,一是为了扩大菌种量,满足生产的需要;二是让菌丝对固体培养基有个适应能力;三是在培养过程中可以使菌丝变得粗壮,增强分解养分的能力。

接种前先将冷却后的料瓶及所有接种工具放入接种箱或接种室内,打开紫外灯或点燃烟雾消毒剂,消毒 30 分后开始接种,母种待消毒结束后放入,先用 75%酒精擦拭试管外壁,然后在酒精灯火焰上轻烧试管口,以杀死外部杂菌。母种转接原种操作过程见图 46。

母种转接原种时,先用接种钩将试管斜面母种划分成 4~6 块,然后取出一块(连带琼脂)迅速接入原种瓶中,1(支)试管母种可接 4~6 瓶原种。接种完毕,塞好棉塞,移入 24℃左右的恒温箱或培养室内培养。

栽培种是直接用于生产栽培的菌种,也叫三级种或生产种。栽培种的制作方式有瓶装和袋装两种,瓶装的操作过程基本上同原种,所不同的是原种是用适量的母种移接,而栽培种用培养好的原种扩大接种。袋装,就是把培养料装在袋子里,松紧适度,装好后两头擦净,扎紧,灭菌后温度下降至 30℃左右,在袋子两头接种。接种后又把塑料袋两头扎紧并蘸生石灰粉,以防止杂菌进入,然后置于 25℃下培养 25~30 天,菌丝即可长满全袋。

一瓶原种可接栽培种 100~200 瓶,或栽培袋 50~80 袋。

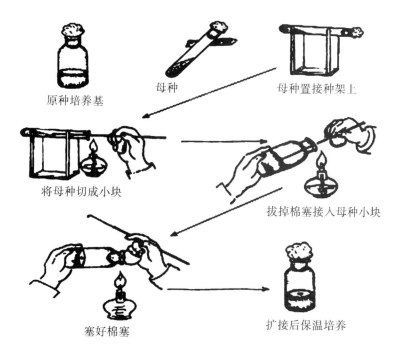

原种培养基　　母种　　母种置接种架上

将母种切成小块

拔掉棉塞接入母种小块

塞好棉塞　　扩接后保温培养

图 46　母种转接原种操作过程

原种和栽培种制备应注意的问题:

☞ 培养料的配方要进行合理调配,在使用木屑、棉子壳、玉米芯作培养基时,加入的辅料如麦麸或米糠等,一般含量可在10%左右,超过25%时,会造成氮素过剩,在发菌期还易感染杂菌。

☞ 培养料的含水量一般要比栽培所用的培养料要稍干一些。料水比以1:(1.1~1.2)为好,或用手握培养料指缝间有水滴出现为宜。培养料过湿菌丝向下延伸慢。一般来说含水量偏低些,可延缓菌种衰老。

☞ 装瓶时,培养料要松紧适度,不要装得过实或过松。过实通气不良,菌丝生长慢;过松菌丝生长较快,但长势弱,无劲,稀疏。培养料装至瓶肩为好。

☞ 严格无菌操作,培养料装瓶(袋)后要及时灭菌。特别是在高温季节,装瓶后尽量随装随灭菌,不要过夜,以免培养料发酵酸败,接种时要注意各个环节的消毒灭菌,以防杂菌污染。如夏季高温期,接种时间不宜过长,否则接种箱里酒精灯长时间点燃,可使箱内温度上升到40℃以上,从而使菌种损伤,恢复慢或不能成活。

☞ 利用福尔马林+高锰酸钾熏蒸灭菌时,药量要适宜,即每立方米空间用10毫升福尔马林+5克高锰酸钾。药量过大,菌丝会受药害而死亡,或菌丝受到抑制。若用硫黄熏蒸时可在室内地面或墙壁上喷少量水。

(五)菌种的保藏

一个优良的茶薪菇菌种,必须保持其优良性状不衰退,不污染杂菌,不死亡,才不致降低生产性能。因此,保藏好菌种,对研究和生产都具有十分重要的意义。

菌种保藏的基本手段是采用干燥、低温、真空等方法降低其代谢强度,使之处于休眠状态。

把培养好的斜面菌种从试管口将棉塞剪平,用固体石蜡密封管口,包上牛皮纸,再装入塑料袋,以防潮湿,置于4~5℃下保藏,见图47。以后每3~5个月转管一次。在无冰箱的条件下,可将菌种密封后埋藏于固体尿素或硝酸铵中,也可把菌种放入密闭的广口瓶或塑料袋中,悬入井底保藏。此法可保持 1~2 个月。

图 47　菌种保藏

能手谈经

六、栽培原料的选择与配制 ······················· ◆

根据资源条件选择原料和辅料,并做到科学配伍,是茶薪菇生产者能否赚钱的主要条件之一。

茶薪菇栽培原料的选择与配制包括主要原料、辅助原料、配方、配制四个方面。茶薪菇栽培原料之间的理化性质、营养特性有着较大的差异。在选择配制培养料时,是否能做到选料精良,配制合理,对茶薪菇栽培的成败、产量的高低、质量的优劣起着至关重要的作用。因此,对长期生产应用的配方,切不可任意改动或因某种原料价格的偏高而任意替换,以免因不了解替换原料的物理、化学性质而造成损失。

案例一:2006 年 8 月下旬,河南省周口市淮阳县白楼乡的一家食用菌公司,在生产过程中由于麦麸价格偏高且货源紧张,就将麦麸的用量由 15%减少到 5%,然后加入 2%的尿素补充氮源,结果造成料袋接种后发菌缓慢,到了中后期虽然有所好转,但发好的菌袋搔菌后却迟迟不出菇,直到翌年 5 月初,仅有个别菌袋零星出菇。据该公司内部工作人员事后透露,这一批共生产 10 万袋,其直接经济损失就达 10 万余元。

案例二:2012 年春季,河南省周口市川汇区城北办事处后石店村石耀荣,种植茶薪菇 2 万袋,采用原料配方为:棉子壳 44%、玉米芯 43%、米糠 10%、石灰粉 2%、石膏 1%。机械拌料,装袋机装袋,常压灭菌,无菌室接种。培养一周后,发现很多菌袋出现了污染。请专家鉴定发现,污染的原因来自培养料中的玉米芯,由于玉米芯偏大,拌料时又没有预湿,直接拌料装袋灭菌,玉米芯没有充分吸透水,难以彻底灭菌。

专家建议接过种的重新灭菌,重新接种,其余的采用先高温发酵,再装袋灭菌接种,终于解决了污染问题。

(一)主要原料与辅助原料的选择

栽培茶薪菇的主要原料为棉子壳、玉米芯、木屑等。常用的辅助原料有两大类:一是天然有机物质,如麦麸、米糠、玉米粉、饼粉等;二是化学物质,如石膏、石灰粉、磷酸二氢钾等。所谓辅助原料就是根据主料所含营养的不足,针对茶薪菇在生长发育过程中所需的各种营养成分,适当补充营养物质,以达到营养均衡、结构合理。辅助材料的加入,不仅可增加营养,而且可以改善培养料的理化性状,从而促进茶薪菇菌丝健壮生长,子实体高产、优质。

(二)培养料配方

茶薪菇分解木质素的能力弱,棉子壳富含纤维素,而且蓬松透气性好,有利于菌丝生长发育。由于木屑资源日益缺乏,且与木腐菌香菇在原料上形成争料。所以茶薪菇栽培主料,提倡多采用棉子壳,产量高,效益好。如果杂木屑资源丰富的地方,可以就地取材,有利节省成本。据实践表明,多种成分组合的培养基产菇量高于单一原料培养基的产菇量。下面我把从事茶薪菇生产二十几年来,筛选出来的三个高产、优质配方介绍给大家:

配方 1　木屑 38%,棉子壳 35%,麦麸 15%,玉米粉 6%,茶子饼粉 4%,石膏粉 1%,红糖 0.5%,磷酸二氢钾 0.4%,硫酸镁 0.1%。

配方 2　棉子壳 77.5%,麦麸或米糠 20%,石膏粉 1%,蔗糖 1%,过磷酸钙 0.5%。

配方 3　棉子壳 39%,木屑 38.5%,麦麸 20%,石膏粉 1%,蔗糖 1%,过磷酸钙 0.5%。

(三)培养料配制

木屑要提前晒干过筛,剔除小木片、小枝条及其他有棱角的硬物,以防装料时刺破塑料袋。拌料时要按照配方的比例要求,准确称料。先将棉子壳、木屑等主料放在拌料场的水泥地上摊平,边洒水边踩压,直到湿透,如摊料面积大,需在料中间留一条排水道,便于多余的水分自然沥出(预湿 4~6 小时),再把麦麸、石膏粉等辅料均匀地撒到预湿好的主料上,人工用铁耙、铁锹反复翻拌,混合均匀,然后用拌料机边搅拌边装袋,见图 48。

图 48　机械拌料

诚 告 家 行

在气温较高的季节配料时,可用 50% 多菌灵,按 0.1% 的比例拌入料中,可抑制红色链孢霉,但多菌灵使用过多会造成药害。配料要注意以下几点:

☞ 严格控制含水量。茶薪菇培养料含水量要求达到60%。调水掌握"四多四少"。第一,基质颗粒细或偏干的,吸收性强的,水分宜多些;基质颗粒硬或偏湿的,吸水性差的,水分应少些。第二,晴天水分蒸发量大,水分应偏多些;阴天空气相对湿度大,水分不易蒸发,则偏少。第三,料场是水泥地的因其吸水性强,水分宜多些;木板地吸收性差,水分宜调少些。第四,海拔高和秋季干燥天气,用水量略多;气温 30℃ 以下配料时,含水量应略少些。木材质地坚硬与松软,木屑颗粒粗与细、基质本身干与湿之差,一般约相差 10%。特别是甘蔗渣、棉子壳、玉米芯等原料,吸水性极强,所以调水量应相应增加。

测定方法:用手握紧培养料,指缝间有水滴为标准。若手握料指缝间水珠成串下滴,掷进料堆不散,表示太湿。水分偏高,不宜加干料,以免配方比例失调,只要把料摊开,让水分蒸发至适度即可。如果水分不足,加水调节。

☞ 酸碱度适宜。茶薪菇培养基灭菌前,pH 6~7(灭菌后自然会下降至 5~6)。测定方法:可取广泛试纸一小片,插入培养料中 30 秒后,取出对照标准色板比色,从而查出相应的 pH。经过测定,如培养基偏酸,可加 4% 氢氧化钠溶液进行调节,或用石灰水调节至达标。

☞ 拌料均匀。拌料不均匀,培养料养分不均衡,接种后会出现菌丝生长不整齐。比如,配方中常用过磷酸钙,如若没经溶化就倒入料中,拌料后又没过筛,过磷酸钙整块集聚,装袋后集中在部分袋内,致使茶薪菇菌丝接触这部分培养料时难以生长。有的由于拌料不均匀,导致氮源不均匀,只长菌丝而不出菇。因此,配料时要求做到"三均匀",即原料与辅料混合均匀、干湿搅拌均匀、酸碱度均匀。

☞ 操作速度快。茶薪菇秋栽量一般较多,此时气温 25~30℃,常因拌料时间延长,培养料发生酸变,接种后菌袋成品率不高。因为培养料配制时要加水、加糖,再加上气温高,极易使其发酵变酸。所以,当干物料加水后,从搅拌至装袋开始,其时间以不超过 2 小时为妥。这就要做到搅拌分秒必争,当天拌料,及时装袋灭菌,避免基质酸变。要推广使用新型拌料机拌料,加快速度。如若人工拌料,就要配足拌料人手,抓紧进行,要求在 2 小时内拌料结束。

☞ 无污染源。在培养料配制中,为避免杂菌侵蚀,必须从原料选择入手,要求足干,无霉变;在配料前原料应置于烈日下暴晒 1~2 天,利用阳光的紫外线杀死存放过程感染的部分霉菌。拌料选择晴天上午气温低时开始,争取上午 8 时前拌料结束,转入装料灭菌,避免基质发酸,杂菌滋生。

☞ 添加剂适合标准。培养基添加剂必须符合国家农业部 NY 5099—2002《无公害食品食用菌栽培基质安全技术要求》。

（四）培养料高温发酵技术

培养料通过高温发酵是为了利用有益微生物,催化分解大分子物质,同时杀死培养料中的病原菌和虫卵,有利茶薪菇菌丝更好地吸收营养物质和提高产量。培养料采用先发酵,再装袋灭菌,用于栽培茶薪菇效果较好。培养料高温发酵处理操作技术如下:

1.建堆　将拌匀的料堆成梯形。堆宽1.1~1.4米、高1.2~1.5米,上窄下宽,长度依料量而定。一般每堆不少于150千克,大规模栽培每吨料堆成一堆,建堆后将料面拍打平整。

2.打孔通气　用木棒在料堆上打通气孔,间距30~50厘米,直至堆底,见图49。孔与孔的位置是梅花形排列。温度低时可在料堆上加盖草苫,下雨前盖上塑料薄膜防雨淋。

图49　高温发酵

3.翻堆　建堆后2~3天,堆内温度上升达到60℃以上,保持24小时,进行第一次翻堆。将内外、上下、左右位置的料互相调换,边翻堆边搅拌,重新建堆。发现料偏干时,适当补水。当堆内温度达到60℃以上,再保持24小时,发酵结束。

在发酵料处理环节上,近年来各产区又有新的方法。例如:福建省宁德市古田县王祥的处理方法为,先将棉子壳、木屑按干料量加110%的石灰水(石灰粉按干料3%~5%)拌匀,集成堆宽2米、高1.2米,长度视料量而定,冷天加盖薄膜,建堆后每两天翻堆1次,使料温达60℃左右,经6~8天发酵,即可装袋,然后再进行常压灭菌,以达到100℃保持5~8小时后停火,然后再闷10~13小时,出锅冷却。

七、茶薪菇高产栽培技术 ----------------------------- ◆

栽培茶薪菇要想获得优质、高产、高效,在具备优良品种、高产培养料配方的同时,做好菌袋的制作培养、出菇管理、采收包装等,是茶薪菇能否赚钱的保证。

自然季节栽培茶薪菇,生物学转化率要想达到80%~100%,就必须严格按照各个生产环节的要求去做,若各个环节管理到位,其生物学转化率达率80%~100%也是很正常的。否则,达不到预期的产量也是很自然的,希望读者能理性地认识这一点,严格按照工序操作,精心管理各个环节,从而达到或超出预期的栽培效果,获得更好的经济效益。

案例一:周口市川汇区城北办事处后石店行政村,食用菌专业户王峰,1992年种植茶薪菇,11月下旬接种为了赶春节上市,将2万多菌袋堆积在三间平房内,堆高1.5米左右,上盖双层塑料薄膜,中间升一煤火炉,气温高达20℃以上。12月上旬发现有菌袋出现杂菌污染,赶快揭去塑料薄膜,12月中旬检查发现,菌丝停止生长,并有发黄现象。赶快请教技术人员,才知道通风不良,开门开窗,气味仍然难以消除,无奈把菌袋搬到塑料棚内,温度降到10℃以下,但菌袋仍迟迟没有发满菌丝,出菇稀稀拉拉,造成了不小的损失。原因是没有进行翻堆,忽视了通风换气,菌丝严重缺氧。堆积过密、过高,气温达20℃以上,袋内温度要高于气温2~4℃,造成高温烧菌,所以出现了菌丝死亡,杂菌严重污染的现象。

案例二:1999年春,我在淮阳县农业局做食用菌技术培训,白楼乡学员杨红兵坚持要我去他家看看,他家种了1万多袋茶薪菇,菌丝也发满菌袋了,就是不出菇,邻居家和他同期栽培的早已出菇。他非常着急,请教了很多人,也没有查出原因。他说和邻居家的原料、菌种都是统一购买,统一配方,同一天拌料。调查后得知,两家共用一个灭菌灶,邻居家先灭菌,两天后由他们家灭菌。由于装袋后,放置时间过长,使原料pH下降,变酸所致。后经测量,邻居家的菌袋pH为4~5,而他的菌袋pH为3~4,后来采取喷洒1%石灰水的办法,连续喷了3次,才陆续出菇,但是产量和质量都受到了很大影响。

(一)菌袋制作培养
我栽培茶薪菇所用的是折角塑料袋地面直立出菇栽培模式。

1.选袋与装袋 聚丙烯塑料袋透明度好,高压、常压灭菌均可使用,但手感滞涩、韧性差,底部易出现微孔从而造成发菌后期污染,破损率高,在低温季节更为严重。聚乙烯塑料袋手感光滑、韧性好,操作过程中不易出现微孔,破损率低,但不耐高压,透明度低。塑料袋规格为(17~18)厘米×(35~38)厘米×(0.04~0.05)毫米的聚丙烯塑料折角袋。拌好的培养料应立即装袋,装袋人员的指甲要剪平,以免操作时刺破料袋。用自制工具(用废洗发液瓶或饮料瓶剪成铲斗状)装袋,边装边压实,袋底四角要装紧压平,装料量因季节而异,一般早秋季节栽培,自然温度偏高,可装少些。秋、冬低温季节可装多些。装干料量一般为350~450克,料袋高度12~15厘米。装好的料袋要求四周紧密、均匀、松紧适宜,料面平整,随料面将袋口折下包在一侧,用橡皮圈固定。装袋工具和装好的菌袋,见图50、图51、图52。

图50 自制的装袋工具

图 51 手工装袋现场

图 52 装好的料袋

2.灭菌 我栽培茶薪菇都是采用常压灭菌,在 100℃下维持 18~24 小时的方法,确保灭菌彻底。装好的料袋必须尽快装锅灭菌,气温在 15℃以下,装好的料袋存放不宜超过 8 小时;气温在 15℃以上,装好的料袋存放不宜超过 3 小时。因拌料、装袋区离灭菌锅的距离较近,装锅所用的运输工具以手推三轮车为主,车底及车挡板均需铺一层编织袋等物品,以免尖锐物刺破料袋。料袋在灭菌锅内可摆放 5~8 层,料袋间要留有缝隙,便于蒸汽流通,受热均匀,确保灭菌彻底,见图 53。

图 53 装锅及料袋摆放方式

灭菌时间达标后,关闭送气阀停止输汽,继续闷锅 4~6 小时,然后打开锅门或覆盖物,使锅内蒸汽溢出后,趁热出锅,将料袋运送至消毒后的棚内,冷却到 26℃左右接种,见图 54、图 55。

图 54 料袋出锅

图 55 料袋冷却

3.接种　茶薪菇菌袋的接种是在接种箱内进行,接种前应先对接种箱进行认真细致的清扫及检查,看是否有破损或漏气,按 1 米³ 空间用 40%福尔马林 8~10 毫升+高锰酸钾 4~5 克,混合密封熏蒸 0.5~1 小时进行预消毒处理。对所用菌种要严格检查,发现生长不正常或杂菌污染的菌种要杜绝使用。经检查合格的菌种,使用前先用 75%酒精棉球擦拭外壁,或用 0.1%高锰酸钾溶液浸湿,以杀灭附在菌种瓶(袋)外表的杂菌。然后将灭菌后的料袋、菌种、接种工具及装有酒精棉球的小瓶一起放入接种箱内,重新用气雾消毒剂消毒 25~30 分。

一瓶 750 毫升的瓶装菌种,可接入 25 个左右的栽培袋。在整个接种操作过程中,每接完一瓶菌种或接种钩从手中滑落一次,都要进行一次彻底消毒,双手进入接种箱后的操作流程如下:

第一步,接种人员双手戴上乳胶手套或用肥皂水洗净,如图 56 所示。

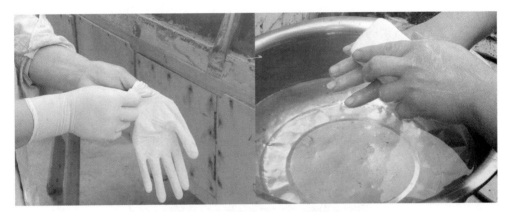

图 56　戴上乳胶手套或用肥皂洗手

第二步,用 75%酒精棉球擦拭双手消毒,如图 57 所示。

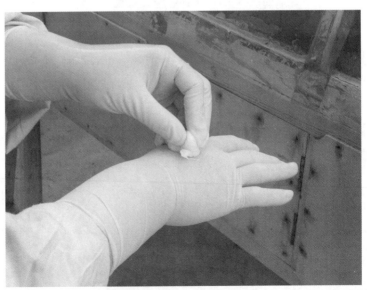

图 57　用酒精棉球擦手消毒

第三步，双手进入接种箱内，取出棉球擦拭双手及接种钩，如图 58 所示。

图 58　擦拭接种钩

图 59　点燃酒精灯

第四步，打开酒精灯盖用打火机点燃，如图 59 所示。

第五步，将菌种瓶口打开，用酒精棉球反复擦拭菌种瓶口内外，如图 60 所示。

图 60　擦拭瓶口

图 61　火焰灼烧瓶口

第六步，再将菌种瓶口内外在酒精灯火焰上方旋转灼烧灭菌，如图 61 所示。

图 62　火焰灼烧接种钩

第七步,将接种钩通过火焰灼烧灭菌,如图 62 所示。

第八步, 用接种钩耙去上部老菌种块并搅碎菌种,如图 63 所示。

图 63　耙去老菌块

第九步,打开料袋,接入栽培种 15 克左右,如图 64 所示。

图 64　接入菌种

第十步, 使菌种呈颗粒状覆盖整个料面,如图 65 所示。

图 65　接种后的料面

4.发菌管理 接种后将菌袋移入发菌室(棚)内堆放发菌,袋口两端向外,行与行之间留操作道。堆高根据栽培季节而定,春栽堆 10~12 层,秋栽只能堆 5~8 层,以利保持或调节堆内温度。为有利菌丝健壮生长,应根据不同发菌阶段进行管理。

(1)发菌前期(接种后 15 天内) 接种后 2~3 天,菌种块就可萌发,并开始吃料,然后菌丝向四周辐射生长,占满料面,这段时间约需 15 天。此阶段菌丝处于恢复和萌发阶段,故料温一般比室温低 1~2℃,空气温度宜掌握在 27℃左右,使袋内料温处于菌丝生长的最佳温度。如果冬天或早春气温低,可用草苫或保温被加盖菌袋,使堆温提高,以满足菌丝生长需求。

(2)发菌中期(15~40 天) 菌袋中的菌丝封口后,继续向培养料内深入,当菌丝生长达到菌袋长度的一半时,由于菌丝生长旺盛,呼吸加强,代谢活跃,自身产生热量,应解开袋口补充氧气,排除二氧化碳。料温比室温高 4~5℃,此时如管理跟不上,易出现烧菌或缺氧窒息现象。如缺氧,菌丝长得纤细,不浓白,色淡,培养料显露。因此,必须加强通风换气和降温管理。

(3)发菌后期(40~60 天) 当菌丝生长超过一半时,解袋松口,菌丝旺盛生长,浓密洁白,菌丝量急剧增大,呼吸强度旺盛,对培养料的分解和转化活性增强,菌丝体内营养积累增多。此阶段温度宜在 23~24℃,特别注意防止高温。如室温达 27℃,料温就会超过 30℃,容易导致菌丝受到严重损伤,甚至发生"烧菌",菌袋变软,培养料酸臭。因此,必须注意疏袋散热,以控制堆温,降低料温。

菌袋在适温 20~27℃下经 50~60 天培养接近成熟,应适时翻卷袋口,转色催菇。翻卷袋口后氧气充足,升温非常快,往往堆温上升 5~8℃,要及时通风降温,排除二氧化碳,否则菌丝变黄退化,菌袋内培养料急剧失水收缩,对后期菌丝生长及菌皮形成、转色和原基形成产生不良影响。

中篇 能手谈经

诚告家行

发菌期间还要做好以下管理工作:室(棚)内空气相对湿度要控制在 70%以下,湿度过高时要排潮。加强通风换气,发菌期每天开门窗通风 2~3 次,随培养时间的增加,适当延长通风时间,若室温偏高,还要疏袋散热。发菌时要进行遮光培养,有利于菌丝健壮生长。及时翻堆检查,10~15 天进行一次。一是为了处理杂菌,通过翻堆发现杂菌污染的菌袋可用 75%酒精或 1%多菌灵溶液注射,能够控制污染源的蔓延。对未萌发成活及菌丝生长不良的菌袋,应及时回锅灭菌处理。对污染严重,如红色链孢霉污染,应及时清除深埋,以防传染给其他菌袋。二是调节菌袋位置,使菌袋受热、通气均匀,发菌一致。

（二）出菇阶段管理

从菌丝达到生理成熟到子实体成熟采收，这一阶段的管理称为出菇阶段管理。直接影响到茶薪菇的产量和质量。

1.催蕾管理　经过 60~80 天发菌，菌袋表面全部转色，培养料的颜色进一步变淡，菌丝体累积了大量营养物质，培养料含水量达 70%以上，用手捏菌袋感到柔软、有弹性时，这是生理成熟的表现，可移入出菇室进行催蕾管理。

出菇室在使用前一周左右，要用药剂熏蒸，以杀死残存的病虫害。可每平方米用福尔马林 10 毫升+高锰酸钾 5 克及敌敌畏，次氯酸钙、二氧化氯、气雾消毒盒等熏蒸消毒。

菌丝体由白色转变为褐色的过程俗称转色。转色是茶薪菇菌丝从营养生长向生殖生长过渡的标志，表明菌丝已达到生理成熟，便可翻卷袋口排场，进行催蕾（图 66）。

图 66　催蕾

室外菇棚排场的方法如下，将场地整成宽 1 米、高 15 厘米的畦床，并铺上沙子，然后可铺 2 层塑料薄膜防潮湿。将成熟度相同的菌袋排在一起，有利于转色催蕾出菇管理。菌袋排场方向，应与室外菇棚的门窗方向一致。

（1）菌袋排场　适时翻卷袋口排场，是生产成功和产量高低的关键。翻卷袋口时间要根据以下条件来决定：

1）氧化酶　生理成熟营养物质的积累与酶解有关。茶薪菇菌丝体依靠自身合成各种氧化酶。菌丝生长初期，酶的活性较低。菌丝体经过 30~50 天生长，胞内酶合成达高峰期，也是胞外酶量达到最大的时期。只有当酶的活性达到有利于对木质素的分解时，才可能在菌丝内积累足够的营养物质，促进菌丝达到生理成熟，从而进入生殖生长阶段。根据生产实践，当菌袋重比原始减少 25%~30%时，表明菌丝已发足，培养料已适当降解，积累了足够的营养，正向生殖生长转化。

2）菌龄　菌龄从接种之日算起，正常发菌培养的时间称菌龄。茶薪菇菌丝达到生理成熟一般要 60 天。由于培养时的温度会影响菌龄的长短,因而在生产上可以将茶薪菇的有效积温作为生理成熟的指标。4℃和 31℃的温度,为茶薪菇丝停止生长的下限和上限,因此把 4~30℃作为茶薪菇的有效积温区。据杨月明等(2001)报道,茶薪菇的有效积温为 1 600~1 800℃。菌袋栽培由于培养料颗粒细小、质地疏松,有效积温要求较低,一般为 1 000~1 200℃。若以 4℃以下的积温为 0,茶薪菇有效积温=(日平均温度−4℃)×培养天数。

3)菌袋色泽　这也是反映菌丝是否达到生理成熟的一种标志。如果菌袋内长满白色菌丝,长势旺盛浓密,气生菌丝呈棉绒状,菌袋口出现棕褐色斑或吐黄水,将引起转色。

菌丝达到生理成熟所需的条件和所表现出来的特征,加上当时当地的气温为 12~27℃,这就是翻卷袋口的适宜时期,应及时翻卷袋口。如果翻卷袋口过早,菌丝没有达到生理成熟,袋口表面不转色,不形成菌皮,菌袋就会因为没有菌皮保护而过早脱水和失重,浪费养分,严重影响茶薪菇的产量和质量。如果翻卷袋口过晚,因菌丝生理成熟而分泌黄水,渗透到培养料内部,引起绿霉侵染。同时还会影响原基发育,造成出菇困难,或导致形成畸形菇,使产量和质量受到直接影响。

翻卷袋口与排场同时进行,要将被杂菌污染的或被部分污染的菌袋挑出隔离。开口前,要用 3%~4%石炭酸或溴氰菊酯(敌杀死)3 000 倍液对菌袋消毒和场地进行灭虫处理。翻卷袋口时,用锋利小刀沿扎口绳,将菌袋的口部割掉。若袋口有少量污染,必须清除;部分污染的,可切除或挖去,其余部分可继续转色出菇。

翻卷袋口之后,断面菌丝受到光线刺激,供氧充足,就会分泌色素吐黄水,使菌袋表面菌丝逐渐转化成褐色,随着时间的延长,菌丝体颜色加深,袋口周围表面的菌丝会形成一层棕褐色菌皮。这层菌皮对菌袋内菌丝有保护作用,能防止菌袋水分蒸发,提高对不良环境的抵御能力,加强菌袋的抗振动能力,保护菌袋不受杂菌污染和有利原基的形成。转色正常的菌皮呈棕褐色或锈褐色,且具光泽,出菇正常,子实体产量高,品质优良。

转色是一个复杂的生理过程,为了促进菌袋正常转色,在翻卷袋口后 3~5 天,要保持室温 23~24℃,并加强通风,提高菇棚内空气相对湿度,促使割开的袋口迅速转色。

（2）催蕾　随着褐色菌皮形成，茶薪菇子实体原基也开始形成。

变温刺激是促进原基形成的重要措施，温差越大，形成的原基就越多。其方法是结合菌袋转色，连续 3~7 天拉大昼夜温差，白天关闭门窗，晚上 10 时后开窗，使昼夜温差拉大到 8~10℃，直到菌袋表面出现许多白色的粒状物，说明已经诱发原基，并将分化成菇蕾。除变温刺激外，还必须创造阶段性的干湿差和间隙光照条件，并采用搔菌及拍击等方法进行刺激。

干湿交替，是指喷水后结合通风，使菌袋干干湿湿。菌袋转色菌皮未形成前不宜通风时间过长，以免菌袋失水。菌袋翻卷袋口过早，应注意保水保湿。光照越充足，通风越好，则转色过程越短，转色越好。

光照刺激可在必要时，将棚顶的遮荫物拨开或打开门窗，使较强光线照射菇床。处理 3~5 天后，菌袋上面出现细小的晶粒，并有细水珠出现，再过 2~4 天，在袋面会出现密集的菇蕾原基。原基的形成是生殖生长的开始，随着原基生长，分化出菌盖和菌柄，标志着菇蕾的形成。

在催蕾过程中，若遇培养料水分含量或环境相对湿度低，以及气温较高等情况，已分化的原基就会萎缩死亡。因此，在自然气温偏高时，不要急于催蕾。若原基已开始形成，则可采取降温措施，并注意保湿和调节干湿差。在翻卷袋口管理过程中若给予过多的震动刺激，尤其是培养料上面 1/3 部位的菌丝体受到振动刺激时，会过早形成子实体，造成小蕾、密蕾，会降低产品的质量和产量。

2.出菇管理　茶薪菇在开口催蕾之后，分秋、春二季出菇。由于秋、春气候不同，故在管理上有所不同。

（1）秋菇管理　秋季出菇期间，自然气温逐渐从 28℃以上降到 10℃左右（10 月分常出现小高温天气），空气干燥，昼夜温差越来越小，12 月底进入低温期。前期气温偏高，因而保湿、补充新鲜空气及防治杂菌是秋菇期管理重点。中秋后气温渐凉，温差拉大，应利用温差、保湿、增氧、增加光照，以促进出菇。后期气温较冷，管理的主要工作是增温、保温和保湿。

菌袋转色后 7~8 天，第一潮菇开始形成。此时，应注意通风换气、限温和增湿，可采用喷雾调湿、覆盖薄膜保湿的措施来实现。当气温降到 23℃左右，每天早、中、晚各通风一次；当气温降到 18~23℃时，每天早、晚各通风一次；当气温降到 18~20℃时，可每天通风一次，每次约半小时，尽可能维持菇房内空气相对湿度在 90%左右，减少菌袋失水。菌袋含水量若低于 65%，可通过喷雾保湿来减少菌袋水分的蒸发量。每天喷水的次数，取决于菇房（棚）的相对湿度，相对湿度约 70%时，每天喷水 2~3 次；相对湿度约 80%时，喷水 2 次；若相对湿度大于 85%时，则不宜喷水。

当子实体长至 2~3 厘米时，要拉直袋口（图 67），以增加二氧化碳浓度，抑制菌盖生长，刺激菌柄伸长，培养盖小柄长的优质茶薪菇。

图67　拉直袋口

当茶薪菇子实体的菇盖即将平展，菌环尚未脱落时就要及时采收。因茶薪菇菇质较脆，柄易折断，盖易碰碎，所以采收时应手抓住基部轻轻拔下，同时要防止周围幼菇受损伤。

第一潮菇采收后，应立即清理菇场，剔除残留在袋内的菇脚、老根和死菇，防止菇脚腐烂和杂菌侵入，并停止喷水7~10天，增加通风次数，延长通风时间，降低菌袋表面湿度，使菌丝迅速恢复生长积蓄养分，以供第二潮菇生长。

当菌袋采菇后留下的凹陷处菌丝发白时，白天进行喷水，关紧门窗提高温度，晚上通风干燥，拉大温差和干湿差，每天喷水1~3次。在具体实施中，可以灵活掌握，还可利用气温的周期变化，适时地通过3~5天干湿交替，冷热刺激，促使第二潮原基和菇蕾形成。第二潮菇发生在10月末至11月。这时，气温为18℃左右，正符合茶薪菇子实体生长发育的要求。喷水是促进第二潮菇发生的主要措施，以满足出菇对水分的需要。

第三潮秋菇的形成，由气候变化、翻卷袋口时间及二潮菇的管理情况而定。如翻卷袋口早、天气暖和，第三潮菇也能优质、高产。第三潮菇以保温、保湿为主，养菌复壮。秋菇一般采收2~3潮。根据秋菇出菇情况及菌袋出菇后的重量情况，给菌袋注水或浸水，增加菌袋的含水量使菌丝复壮。如果冬末保温好，还可收1~2潮菇；或越冬至次年春季继续出菇。

秋菇管理的另一个重要内容是防治杂菌感染，危害茶薪菇的主要杂菌是绿霉和曲霉，轻者使菌袋表面形成霉斑，影响出菇和使菇蕾腐烂，重者导致菌袋报废。出现局部污染时，可用0.1%多菌灵或5%新洁尔灭或3%石炭酸或5%来苏儿溶液，涂抹霉斑处，然后挖除或切除。如发生大面积霉害，可加大通风量，降低湿度，抑制霉菌生长，促使菌丝健壮生长，提高自身抗霉力。

（2）春菇管理　春菇期间，气温由低向高递升，气候温和，空气湿润，雨量充沛，自然温度和湿度均提高，适合茶薪菇菌丝的生长和出菇。管理要点是降低湿度，防止杂菌污染。春天要加强通风换气，保持菇棚内的清洁卫生，清除杂菌污染源。如后期气温升高，管理上应采取相应降温措施。室外出菇采用野外荫棚,加厚遮阴物,创造"七阴三阳"的阴凉环境。畦沟内灌水保持棚内湿润,每天午后向棚顶喷水,降低棚内温度。有条件的生产专业户,菇棚可以安装喷雾系统,采用喷灌降温增湿,在35~38℃高温时,喷雾后棚内温度可降到28~31℃,地表温度降到25~39℃。喷雾后需适当通风,不致过分潮湿。

菌袋发好后直立排放,也可袋口对光墙式堆叠,拉直袋口。直立排放袋口上盖旧报纸保湿。菌丝由营养生长转入生殖生长,料面初有黄水珠,继而变褐色,随后逐渐形成原基,再形成小菇蕾,此时提高空气相对湿度在85%~90%,早晚向地面和报纸上喷水保湿,光线保持明亮,控温在18~25℃,昼夜温差7~8℃,一般开袋后10~15天子实体大量发生。子实体生长期间保持稳定通风,控温在15~28℃,保持空气相对湿度在90%~95%,光线同样保持明亮。

出菇后菌袋减轻时,应及时浸水,但补水不宜过量,否则会因高温高湿,引起菌丝死亡,杂菌滋生,菌袋软腐解体。喷水和采收等管理工作,应放在气温低的早晚进行,白天关紧门窗,到中午温度最高时可打开门窗加速空气流通,使温度迅速下降,然后关闭。这样,在高温季节也可继续出菇。

二潮菇后,要进行注水,用水以营养液为佳(葡萄糖100克,三十烷醇0.05克,磷钾复合肥50克,尿素20克,水1 000毫升)。出二潮菇后也可以进行覆土再出菇,可提高产量20%左右。

3.脱袋覆土出菇　茶薪菇也可采用脱袋覆土方式出菇。菌袋发好后脱去塑料袋,直立排放在用80%溴氰菊酯乳油1 000倍液和生石灰粉消过毒的畦床上。畦床长6~8米,宽80~100厘米深15厘米。菌袋之间与表面加入用500倍敌敌畏液处理过的肥沃壤土(事先暴晒2~3天,并加入2%生石灰粉),表面覆土厚0.5~1厘米,以不露菌袋为宜,洒水至土湿润(湿度达手握成团,落地即散),然后覆地膜保持湿度,气温28℃以上时,两头不压严,4天后菌丝即可长出土面。一般覆土后10~20天,子实体陆续萌发,要求子实体出到哪儿,地膜揭到哪儿。菇房控温在25~28℃,空气相对湿度保持在85%~90%,畦床土壤保持湿润不发白。温度低于10℃时,不要将水直接喷在子实体上。

(三)适时采收

从菇蕾到采收一般5~7天,当菌盖呈半球形,颜色转成暗红色,菌环尚未脱离柄时就要及时采收。通常采用一次性连盖带柄整丛拔起。若太迟采收,一旦菌盖下的菌环破裂,采下的菇就会失去商品价值。菇采下后要进行挑拣,去掉小菇蕾、烂菇,将合格的菇整齐排放在泡沫箱或篮子里,及时送到收购处。茶薪菇常以保鲜菇或干菇上市销售。

采收第一潮菇后应停止喷水7~10天,15天后再将空气相对湿度提高到90%以上,促使生长第二潮菇,以后按以上管理方法再出第三潮菇。采摘三潮菇后,如袋内基质干枯,失水,可往袋子内补充水分,一次补水0.1~0.2千克,过1~2天后要将袋内多余水分倒掉。也可脱袋覆土栽培,增加湿度,还可继续长菇。只要管理得当,茶薪菇会连续出5~6潮。一般每袋可出鲜菇200~300克以上,干重30~50克,生物转化率可高达100%~120%。

(六)出菇异常现象排除

1.**菇蕾枯萎**　由于环境干燥,光线过强,使形成的菇蕾逐渐枯萎。因此在原基形成过程中,注意保湿、增氧和控光(光照度控制在 300 勒),避免空气干燥和二氧化碳浓度过高。

2.**畸形菇**　畸形菇常因菌袋生理成熟,气温下降有利于子实体形成,但没有及时开袋,大批菇蕾迅速生长,因受袋膜限制而长成畸形。因此,在菌袋上架摆放时,应及时开口,保湿、增氧,每天通风换气,结合喷水调湿,保持空气相对湿度在 90%~95%,促使菇体正常生长。

3.**菇小而密**　菌袋生理成熟不足,昼夜温差大,或水刺激过重,或栽培后期营养耗尽,不能满足子实体正常生长发育的需求,从而造成出菇小而密。因此,菌丝生理成熟后,温差刺激时间不宜太长,一般不超过 3~5 天。在出菇后期,给菌袋补充营养源,并延长转潮的养菌时间,使菌丝积累充足营养。同时,在浸水或注水处理上,适可而止。

4.**侧生菇**　袋料偏松,料与薄膜之间形成空隙,开口时进入大量空气,加上光照刺激,表面基质收缩,原基从袋旁出现,形成侧生菇;还有的因菌袋摆放处于光线偏暗位置,子实体从偏光方向侧生。避免侧生菇发生,要求装料紧实,摆袋时不宜过早开口,开口后注意菌袋调整上下、里外位置,均衡光照。

中篇　能手谈经

茶薪菇 种植能手谈经

能手谈经

八、茶薪菇生产中常见的问题及有效解决窍门

任何生物在其生长发育过程中，如遇管理不善或环境不适，都会出现问题。本节重点讲述如何避免生产中的问题出现及问题发生后的解决窍门。

（一）栽培管理中出现的问题及防治方法

随着茶薪菇市场行情的持续上涨，在我们这里种植茶薪菇的规模也不断扩大，以前没有出现过的问题也相继发生，加上部分菇农不注重环境卫生，污染的菌袋、废菌袋及废弃物到处乱扔，致使环境恶化，造成茶薪菇病虫害不断发生。因此，在茶薪菇的菌丝培养和出菇阶段，能否做到精细管理，对出现的异常情况能否准确识别，并能及时采取有效措施，就显得至关重要了。

案例：2006年河南省周口市扶沟县政府看到了种植茶薪菇不但经济效益可观，还能变废为宝，减少环境污染，有效改善农村产业结构，增加地方特色。因此，就出台了大力发展茶薪菇的优惠政策，强令各乡镇出资聘请南方技术人员，到种植区免费为菇农开展技术服务，并对种植户给予一定的经济补贴，使全县掀起了种植茶薪菇的高潮。由于种植户对茶薪菇种植管理一无所知，技术员让怎么干就怎么干，结果大量菌袋感染了绿霉还不知道。个别技术员发现问题严重也默不作声，然后谎称家中有事需借钱回家，等拿到钱后就再无音讯了。致使部分种植户因"不懂"而遭受了沉痛的教训。

1.菌袋成品率低　目前，茶薪菇制袋成品率低的现象较为普遍，有的仅60%~65%，有的菇农甚至成批报废。

（1）产生原因

1）菌株自身的抗逆能力弱　据鲍震光试验，用13个品种进行比较，有的菌株（湖研8号）制袋成品率高达97%，有的菌株（中华3号）制袋成品率仅39%。

2）环境条件差　高温、高湿、生产场所不卫生、周围环境杂菌基数大，是影响制袋成品率的重要因素。

3）菌种带菌　杂菌发生集中且种类单一时，通常是由于菌种带菌所致。

4）培养基含氮量偏高　茶薪菇为中温型菇，控制培养基中含氮量特别重要。有的生产者误认为含氮量越高产量就越高，氮源加得过多，结果成品率大受影响，得不偿失。

（2）防治方法　①一定要挑选菌丝健壮、生长快、抗杂抗逆能力强、高产的菌株用于生产。②培养室要保持清洁干燥，每次使用前彻底消毒，温度控制在20~24℃；冷却室和接种室应每天打扫卫生，5天消毒一次；接种要及时，夏季宜在清早进行，避开高温时接种。③主要是制作各级菌种时都要用牛皮纸包棉塞，且要常检查，发现有杂菌污染及生长不良者，要及时剔除。尤其是在菌丝盖面前要多查几次。④培养料中麦麸（或麦麸+玉米粉）含量以20%为宜。

控制杂菌污染,要求菌袋生产工艺上做到"六到位":

☞ 原料预湿到位。把棉子壳或杂木屑等原料,加入石灰粉,提前 1 天搅拌集堆发酵,目的是使水分渗透原料,堆温上升起到杀灭料中的杂菌的作用。

☞ 料袋上灶时限到位。培养料加入麦麸、玉米粉及石膏粉之后,要抓紧搅拌和装袋,并尽快上灶灭菌,要求时间不超 6 小时,防止培养料变酸。

☞ 灭菌温度时限到位。料袋上灶灭菌,从点火到升湿 100℃后持续 24 小时,中间不停火、不降温,使灭菌彻底。

☞ 接种无菌操作到位。接种应选择在晴天晚上进行,夜间气温低,空气流动少,杂菌处于休眠状态。同时接种室要进行严格消毒处理,可按每立方米用气雾消毒剂 3~5 克进行气化消毒杀菌,同时工作人员要做好个人卫生;接种时菌种迅速过酒精灯火消毒。

☞ 菌袋培养生态控制到位。菌袋培养室要求温度控制在 22~26℃,春季接种不低于 20℃,秋季接种不超过 30℃。室内空气相对湿度在 70%以下,防止雨淋潮湿;室内避光,防止菌袋被阳光照射;同时加强通风,保持空气新鲜。

☞ 翻袋检查到位。每间隔 7 天,菌袋进行翻堆检查,发现杂菌污染,及时搬离另行处理。

2.出菇迟

(1)产生原因 通常茶薪菇营养生长完成后立即或数天就可转入生殖生长,但生产中也发生过 20 多天甚至 1 个多月后才开始出现原基的情况。培养基中含氮量偏高是茶薪菇生殖生长延迟的主要原因。

(2)防治方法 实践表明,培养料中麦麸 30%+玉米粉 5%时,比麦麸 15%+玉米粉 5%的茶薪菇生殖生长要延迟 1 个月以上。因此,培养基中麦麸含量不要高于 20%。

3.后期产量低

(1)产生原因 茶薪菇一般用一头开袋出菇法栽培。栽培袋易失水,通常采收二潮菇后,料的含水量就低到难以适应子实体生长的要求,导致无法出菇,后期产量极低。

(2)防治方法 采取覆土栽培方法,以沙壤土为宜,覆土厚度为 1 厘米。

(二)栽培中常见病害及防治方法

在茶薪菇整个栽培过程中,由于遭遇极不适宜的环境条件,或者遭受其他生物的侵染,致使茶薪菇的生长和发育受到显著的影响,因而降低茶薪菇的产量或品质,就叫茶薪菇病害。

茶薪菇病害可分为黏菌病害、病毒性病害、细菌性病害、真菌性病害、生理性病害五大类。现介绍几种在茶薪菇制种、栽培过程中最易发生、危害最大的常见病害及防治方法。

1.菌种棉塞或培养料上生长灰绿色棉絮状物

(1)发生特点 此病害是因青霉菌感染所致。受染初期,发现白色棉絮状物,1~2 天后,菌落变成粉粒状蓝绿霉,菌落近圆形,时常具有一条新生长的白边。空气中的孢子随处散落,很容易造成培养料的污染,高温、高湿条件有利于此病菌的发生。此菌在一定的条件下,具有寄生能力,能使子实体致病。

(2)防治方法 ①培养室要密封熏蒸,保持清洁卫生。②菌种生产中,要灭菌彻底,严格遵守无菌操作规程,操作人员要技术熟练。③栽培时可用培养料干重的 0.1%多菌灵或克霉灵拌料。④菌种发现污染立刻弃除,在生产中,栽培料出现污染要挖去污染部分,并喷洒 40%多菌灵 200 倍的药液。⑤注射福尔马林或绿霉净消毒液。

2.培养料或菌种棉塞上生长灰白色的棉絮物

(1)发生特点 此病害是因毛霉菌感染所致。初为白色棉絮状,生长速度快。不久变为灰色,然后各处均成黑色,初次侵染由空气传播,接种所用器具及接种箱(室)等灭菌不彻底,无菌操作不严格,棉塞受潮,培养环境湿度大易造成此菌污染。

(2)防治方法 同青霉菌。

3.培养料表面生长黑色面包霉

(1)发生特点 此病害是因根霉菌感染所致,发生普遍,危害较重,常造成菌种报废,产量下降。受污染的培养料,表面有匍匐生长的菌丝,灰白色,菌丝生长不像毛霉那么快。后期在培养料表面,形成一层黑色颗粒状霉层。高温、高湿条件下有利于此病菌的生长繁殖。

(2)防治方法 同青霉菌。

4.菌袋内先出现白毛后变绿

(1)发生特点 此病害是因木霉菌感染所致。受污染后料面上产生霉层,初为白色,菌丝纤细、致密,由菌落中心向边缘逐渐变成浅绿色,最后变成深绿色,粉状物。如不及时处理,几天就会在整个料面上层形成一层绿色的霉层。高温、高湿而偏酸性的条件有利于此病的发生。

(2)防治方法 除采用青霉菌的防治方法外,还应注意栽培料中麦麸或米糠的比例不要超过 20%,比例过高,木霉菌的污染率也高。

5.培养料上生长不同颜色的颗粒或粉状霉层

(1)发生特点 此病害是因曲霉菌感染所致。在受污染的培养料上,初期出现白色绒状菌丝,菌丝较厚,扩展性差,但很快转为黑色或黄色颗粒状霉层。

(2)防治方法　同青霉菌。

6.菌种或料袋生长红色面包霉

(1)发生特点　此病害是因链孢霉感染所致。高温、高湿条件下更容易发生。典型症状是:菌袋侵染时,菌袋内局部培养料上初见白色粒状菌落,后呈稀疏毛绒状,一天后产生大量分生孢子呈现橘红色。若不及时清理或清理方法不对,全棚在2~3天内大部分菌袋袋口感染,再过1~2天,袋口的星点橘红色孢子堆成一大团分生孢子块,侵染子实体后能在短期内覆盖子实体,造成腐烂。

(2)防治方法

1)加强预防,从源头上杜绝　①培养料要求新鲜、干燥,用清洁水拌料,料中添加2%石灰粉,提高料的pH。②培养料堆置发酵要透彻,料温达60℃以上,翻堆2~3次,杀死料中绝大部分链孢霉的分生孢子。③大棚内外栽培场地保持洁净、干燥,四周排水畅通,绝不留积水、污水、污物、杂草,并保持通风良好。④装料、灭菌、接种后的菌袋进出轻拿轻放不要破损。⑤灭菌要彻底,不留死角。⑥接种要按无菌操作程序操作。⑦发菌棚要进行药剂消净,用高锰酸钾5克+福尔马林10毫升点燃后密封24小时熏蒸。⑧棚内温度控制在25℃左右,保持通风、干燥。

2)早发现、早处理,防止扩散　一旦发现链孢霉菌袋,立即用双层0.1%高锰酸钾浸湿的纱布包裹污染菌袋销毁。

3)发病后及时处理　①袋口、颈圈、报纸上污染时,去掉污染颈圈、报纸放入500倍福尔马林液中,并用0.1%高锰酸钾或0.1%克霉灵溶液,洗净袋口换上经消毒的颈圈、报纸,继续发菌。②菌袋内出现链孢霉时,可用500倍福尔马林液,用注射器注入感染部位后用胶布封住针孔,可控制危害。③棚内地面上、棚内膜及其他菌袋上污染时,应及时喷上石灰水和0.1%洁霉净,杀灭棚内空气中的孢子,并在棚内造成碱性条件,抑制链孢霉传播扩散。

7.培养料发黄有酸味

(1)发生特点　此病害是因酵母菌感染所致。酵母菌喜偏酸性环境。危害对象:菌种、培养料。在显微镜下观察为圆形、卵圆形单细胞。常见种有啤酒酵母菌、红酵母菌、橙色红酵母菌等。在母种斜面试管培养基上,出现外观为无色或红色、黏稠状或油滴状圆形菌落。在麦粒原种或栽培种培养基中也常会出现。在培养料上可形成白色菌膜或菌醭,打开棉塞或袋口有一股难闻的酸败酒味。主要由于灭菌不彻底引起。

(2)防治方法　培养基彻底灭菌。

8.褐腐病

(1)发生特点　受害的子实体停止生长,菌盖、菌柄腐烂、发臭。病原菌为疣孢霉,主要是通过被污染的水或接触病菇的手、工具等传播而引起发病。

(2)防治方法　①搞好菇棚消毒,培养料必须彻底灭菌处理。②出菇期间保湿和补水用水要清洁,同时加强通风换气,避免长期处于高温、高湿的环境。③受害菇及时摘除、销毁,然后停止喷水,加大通风量,降低空气相对湿度。④采用链霉素1:50倍溶液喷洒菌袋,杀灭蕴藏在袋内的病菌,避免第二潮长菇时病害复发。⑤成菇及时采收,在菌盖未完全展开之前采收。采收下来的鲜菇,及时销售或加工处理,夏季存放时间不宜过长。

9.软腐病

(1)发生特点　受害的菌盖萎缩,菌褶、菌柄内空,弯曲软倒,最后枯死,僵缩。病原菌为茄腐镰孢霉。侵蚀子实体组织形成一层灰白色霉状物,此为部分孢子梗及分生孢子。此病菌平时广泛分布在各种有机物上,空气中飘浮的分生孢子,在高温、高湿条件下发病率高,侵染严重的造成歉收。

(2)防治方法　①原料暴晒,菌袋灭菌要彻底。②接种选择在气温低时进行。③菌袋开口前,用50%多菌灵可湿性粉剂1 000倍液喷洒杀菌,开口后温度控制在23~25℃,空气相对湿度控制在80%。④幼菇阶段发病,可喷洒pH为8的石灰水上清液,或用20%三唑酮乳油1 500倍液喷雾。

10.猝倒病

(1)发生特点　感病菇菌柄收缩干枯,不发育,凋萎,但不腐烂,使产量减少,品质降低。病原菌为腐皮镰孢霉。多因培养料质量欠佳,如棉子壳、木屑、麦麸等原辅料结块霉变混入;装料灭菌时间拖长,导致基料酸败;料袋灭菌不彻底,病原菌潜藏培养料内,在气温超过28℃时发作。

(2)防治方法　①培养料要求新鲜、优质。②装袋后及时灭菌。③发菌期间防止高温烧菌,防阳光直射。④一旦发病应提前采收,并及时挖去受害部位的基料,喷药消毒。

11.黑斑病

(1)发生特点　受害子实体出现黑色斑点,在菌盖和菌柄上分布,菇体色泽明显反差。轻者影响产品外观,重者导致霉变。病原菌为头孢霉,主要是通过空气、风、雨雾进行传播;常因操作人员身手及工具接触感染;菇房温度在25~30℃,通风不良,喷水过多,液态水淤积菇体过甚时,此病易发。

(2)防治方法　①保持菇房清洁卫生,通风良好,防止高温、高湿。②接种后适温养菌,加强通风,让菌丝正常发透。③出菇阶段喷水掌握"轻、勤、细"的原则,每次喷水后要及时通风。④幼菇阶段受害时,可用20%三唑酮乳油1 500倍喷洒1次;成菇发病及时摘除,挖掉周围被污染部位,并喷洒5%异菌脲可湿性粉剂1 000倍液。

(三)栽培中常见虫害及防治方法

茶薪菇生长发育过程常受到许多害虫危害,其幼虫咬茶薪菇丝体,成虫吞食子实体,直接造成减产和影响菇体外观,致使茶薪菇降低甚至失去商品价值。又由于虫咬的伤口极易导致腐生性细菌或其他杂菌的侵染,而且昆虫本身是病原物的传播者,因此很容易发生病害,从而造成更大损失。茶薪菇生产中最常见的虫害及其防治如下:

1.菌蚊

(1)害虫种类及危害　危害茶薪菇的有小菌蚊、眼菌蚊、异型眼菌蚊、闽菇迟眼菌蚊、狭腹眼菌蚊、茄菇蚊及金毛眼菌蚊等。成虫体小而柔弱,其幼虫称为菌蛆。一年可繁殖多代,且有世代重叠现象,成虫不危害茶薪菇及其他食用菌,具有较强的趋光性。幼虫孵化后,取食茶薪菇的菌丝及培养料中的营养成分,可导致培养料变色、疏松。危害严重的菌袋,菌丝生长不良或出现退菌现象,出菇时间延迟且菇蕾少,甚至不能出菇。

(2)防治方法 ①室内栽培时,门窗上安装窗纱或防虫网,阻止成虫飞入菇房。②菇房内安装灯光诱杀装置杀死成虫。③药剂防治,可用二嗪农、菊酯类或生物杀虫剂灭幼脲拌料,杀虫。

2.菇蝇

(1)种类与危害

1)蚤蝇 成虫小蝇状,体黑色或褐色,有趋光性,成虫白天潜伏,晚上活动。主要危害已长菌丝培养料。幼虫取食菌丝体和子实体,具有集中危害的习性,以钻蛀方式危害子实体。菇蕾受到侵害,颜色变褐、枯萎、腐烂。

2)果蝇 成虫体长3~4毫米,体淡黄色,幼虫取食菌丝和子实体,可使菌丝萎缩,子实体腐烂。

(2)防治方法 ①保持菇房和场地周围的清洁卫生,及时清除菇房内外的腐烂物。特别是在播种后2~3周内,注意防止蚤蝇成虫飞入菇房繁殖危害。②出菇前,可用虫螨杀1 000倍液喷雾。出菇后,可用20%氰戊菊酯800~1 000倍液喷施。③果蝇成虫对糖醋液有趋性,可用酒:糖:醋:水:90%敌百虫晶体按1:2:3:4:0.01的比例制成诱杀液,置于灯光下诱杀成虫。

3.跳虫

(1)种类与危害 跳虫称烟灰虫、弹尾虫,其种类较多,分布广泛。危害茶薪菇的主要有菇紫跳虫、菇疣跳虫等,其形如跳蚤,弹跳灵活,体长1~2毫米,体色多为灰黑色、蓝紫色或灰色。跳虫常群居危害,取食茶薪菇的菌丝、菇蕾和开伞的子实体,可使菌丝萎缩、菇蕾生长受阻,开伞子实体的菌褶呈锯齿状。跳虫喜居潮湿、阴暗的草丛或有机物堆上,一旦受惊便跳入阴暗角落或地上。

(2)防治方法 ①出菇前搞好菇棚、菇房周围的环境卫生,避免跳虫滋生。②菇棚、菇房使用前晾晒干燥,老菇房清理干净,向地面及墙壁四周喷洒0.9%虫螨克乳油1 000~1 500倍液,或氯氰菊酯乳油2 000~2 500倍液杀虫。③出菇期可用0.9%虫螨克乳油1 500倍液,或0.1%鱼藤精200倍液,或1%苦参素水剂1 000倍液喷洒防治。

4.螨类

(1)种类与危害 螨类有多种,对人类有害的螨类人们习惯称之为害螨。害螨对茶薪菇的危害较大,不论在菌种生产、保藏和栽培过程中,还是在干菇储藏阶段,均可受其危害。害螨不但取食茶薪菇的菌丝、孢子及子实体,而且可能传播多种病害。害螨类食性杂,繁殖速度快,1年可完成几个至十多个世代。有些害螨,除危害菇类外,还可引起管理人员皮肤瘙痒、慢性皮炎、眼皮肿胀等疾病。

(2)防治方法 害螨的防治以预防措施为主。首先是菇房内外的环境卫生要搞好,特别是废培养料必须清除干净,菇房内的各种用具、工具必须彻底清洗和进行消毒。其次是防止培养料本身带螨,防止菌种本身带有害螨。用25%菊乐合酯2 000倍液与80%敌敌畏乳液1 000倍的混合液可有效杀死害螨。

5.线虫

（1）种类与危害　线虫体型较小,成虫体长仅 1 毫米左右,主要危害茶薪菇的菌丝体和子实体。尤其在生料栽培时易遭其危害,熟料栽培时多发生在第二潮与第三潮菇。侵染初期不易发现,只有大量繁殖后才出现被害症状,使培养料呈黑褐色、湿腐状,造成茶薪菇菌丝出现"退菌"现象,子实体不易形成或生长发育受阻,严重时可使子实体死亡、腐烂。

（2）防治方法　在发菌期,可将菌袋堆高 3~5 层（视环境温度高低）,1 米² 用磷化铝一片,用塑料薄膜盖严,密闭熏蒸 48 小时。在出菇期,可喷洒 1:500 倍的虫螨杀溶液杀虫。

诚告大家

在选用农药灭虫治病时,一定要选用对人畜无毒或低毒的农药,并注意用药间隔期,以生产出安全、放心、保健的茶薪菇。

中篇　能手谈经

茶新菇 种植能手谈经

下篇

专家点评

种菇能手的实践经验十分丰富，所谈之"经"对指导生产作用明显。但由于其自身所处环境（工作和生活）的特殊性，也存在着一定的片面性。为保障广大读者开卷有益，请看行业专家解读能手所谈之"经"的应用方法和使用范围。

专家点评

一、关于栽培场地的选择问题 ━━━━━━━━━━━━━━━━━ ◆

下篇 专家点评

　　在茶薪菇整个生产管理过程中,生产管理用水和环境空气质量是否达标,会直接影响到茶薪菇的生长和产品质量安全。

自然季节栽培茶薪菇,生产设备、技术、相对落后,产品质量、产量不稳定,且上市量集中,价格波动较大,菇农的经济效益难以保证,竞争力比较薄弱。研究适宜国内发展的现代化高效生产技术,是当前茶薪菇发展的一个重点。

　　鉴于目前农业生产环境现状,不少地区的大气、水源和土壤环境都受到了不同程度的污染,对茶薪菇生产已构成威胁。为保证茶薪菇消费者的食用安全,请阅读知识链接。

知识链接

（一）环境清洁

　　地势较高,排、灌水方便,通风向阳,环境卫生,空气清新,远离畜禽圈舍、饲料仓库、生活垃圾堆放及填埋场等病虫害多发区。避开热电厂、造纸厂、水泥厂、石料场等工矿"三废"排放污染源。

（二）方便产销

　　选择交通方便,水电供应有保证,保温、保湿性能好,周围无污染源的地方作为茶薪菇的出菇场地。

（三）茶薪菇无公害栽培对产地空气质量要求

　　见表1。

表1　茶薪菇生产大气环境质量标准

项　　目		标准毫米/米²	
		日平均	1小时平均
总悬浮微粒(TSP)		0.12	—
二氧化硫(SO₂)		0.05	0.15
氮氧化物(NO₂)		0.10	0.15
氟化物	滤膜法	7微克/米³	20微克/米³
	挂片法	1.8微克/分米³	—

（四）茶薪菇拌料和出菇管理用水基本要求

见表2。

表2　茶薪菇生产用水标准

项　目	标　准	项　目	标　准
色	不超过15度,不呈其他颜色	砷	0.05毫克/升
浑浊度	不超过3度,特殊不超5度	硒	0.01毫克/升
臭和味	不得有异臭、异味	汞	0.001毫克/升
肉眼可见物	不得含有	镉	0.005毫克/升
pH	6.5~8.5	铬(六价)	0.05毫克/升
总硬度	450毫克/升	铅	1毫克/升
铁	0.3毫克/升	银	0.05毫克/升
锰	0.1毫克/升	硝酸盐(以氮计)	20毫克/升
铜	1毫克/升	氯仿	0.06毫克/升
锌	1毫克/升	四氯化碳	0.002毫克/升
挥发酚类	0.002毫克/升	苯并(a)芘	0.01毫克/升
阴离子合成洗涤剂	0.3毫克/升	细菌总数	100个/升
硫酸盐	250毫克/升	总大肠杆菌群	不得检出
氯化物	250毫克/升	游离态氯	不低于0.3毫克/升 管网末不低于 0.05毫克/升
溶解性总固体	1 000毫克/升		
氟化物	1毫克/升		
氰化物	0.05毫克/升		

下篇　专家点评

茶薪菇 种植能手谈经

二、关于配套设施利用问题 ·························· ◆

茶薪菇在我国栽培区域广泛，广大生产者根据当地资源优势和气候特点，设计建造出形状各异的栽培菇棚，并通过科学有效的灭菌和消毒方法，为栽培成功奠定了基础。

能手谈到的三种设施是在河南省周口市大面积应用的茶薪菇栽培设施，这三种设施的优点是棚内空间面积大、使用寿命长、小型运输工具出入方便、管理人员好作业等。缺点是空间利用率低、相对投资较大、冬季增温和保温效果差、空间湿度不易调控等。其实可使茶薪菇正常生长发育的场地多种多样，目前国内常见的有工厂化菇房、高标准控温菇棚、泡沫板菇棚、砖瓦连体菇房、半地下式简易菇房、竹木结构简易菇房、简易菇棚及普通民房、具有抽送风设备的地下室、山洞、地道、人防工事等。栽培者可根据自身经济基础、现有条件、实际生产规模等灵活掌握，选择不同形状、结构、材料的设施用于茶薪菇生产。

知识链接

（一）国内外较常见的食用菌栽培设施

1.工厂化菇房　该菇房为工厂化生产专用菇房，内设多层床架，具有控温、增湿、通风、光照等多种调控功能，见图68、图69。

图68　工厂化菇房内部构造

图69　工厂化菇房外观

2.高标准控温菇棚 该菇棚为设施化栽培用菇棚,内设多层床架,各棚配备制冷机组,可人工调控温、湿、光、气等环境因子,见图70。

图70 高标准控温菇棚

3.泡沫板菇棚 该棚由钢骨架、泡沫板、棚膜组建而成,内设木制床架,可控温栽培亦可自然温度栽培,在闽浙山区应用较多,见图71。

图71 泡沫板菇棚

4.砖瓦连体菇房 该菇房多为自然季节栽培使用,在长江以南地区较为常见,见图72。

图72 砖瓦连体菇房

5.半地下式简易菇房 此为河北省灵寿县等北方地区墙式立体自然季节栽培菇房,该模式栽培出的茶薪菇产品具有基部粘连少、可食部分多、含水量低、耐储存等优点,见图73、图74。

图73 半地下式简易菇房

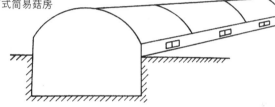

图74 半地下式简易菇房构造

6.竹木结构简易菇房 该菇房由竹木、棚膜、遮阳网组成,投资相对较少,在长江以南竹产区应用较多,见图75。

图75 竹木结构简易菇房

7.闽浙简易菇棚 该菇棚由竹木、棚膜、稻草组成,是闽浙山区菇农就地取材、因陋就简的茶薪菇栽培场所,见图76。

图 76　闽浙简易菇棚

（二）栽培设施建造

栽培设施的建造可根据自身经济基础、现有条件、实际生产规模等灵活掌握，选择不同形状、结构、材料的大棚用于茶薪菇生产。日光温室的形式有多种多样，目前全国各地推广的主要形式有：短后坡高后墙塑料薄膜日光温室、琴弦式塑料薄膜日光温室、全钢拱架塑料薄膜日光温室、97式日光温室、半地下式塑料薄膜大棚等。

1.短后坡高后墙塑料薄膜日光温室　见图77。

跨度5~7米，后坡长1~1.5米，后坡构造及覆盖层由柱、梁、檩、细竹、玉米秆及泥土构成，矢高2.2~2.4米，后墙高1.5~1.7米，在寒冷的北方地区北墙厚0.5米，墙外培土，温室四周开排水沟。

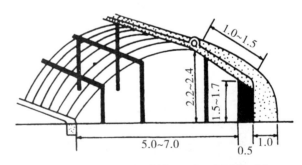

图 77　短后坡高后墙塑料薄膜日光温室（单位：米）

2.琴弦式塑料薄膜日光温室　见图78。

跨度7米，矢高3.1米，其中水泥预制中柱高出地面2.7米，地下埋深40厘米，前立窗高0.8米，后墙高1.8~2米，后坡长1.2~1.5米，每隔3米设一道10厘米钢管桁架，在桁架上按40厘米间距横拉8号铁丝固定于东西山墙，在铁丝上每隔60厘米设一道细竹竿作骨架，上面盖塑料薄膜，不用压膜线,在塑料薄膜上面压细竹竿,在骨架细竹竿上用铁丝固定。这种结构的日光温室采光好,空间大,温室效应明显。前部无支柱,操作方便。

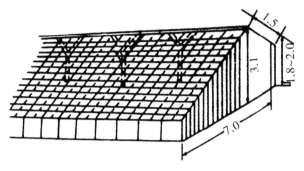

图78　琴弦式塑料薄膜日光温室(单位:米)

3.全钢拱架塑料薄膜日光温室　见图79。

跨度6~8米,矢高2.7米,后墙为43号空心砖墙,高2米;钢筋骨架,上弦直径14~16毫米,下弦直径12~14毫米,拉花直径8~10毫米,由3道花梁横向拉接,拱架间距60~80厘米,拱架的上端搭在后墙上;拱架后屋面铺木板,木板上抹泥密封,后屋面下部1/2处铺炉渣作保温层;通风换气口设在保温层上部,每隔9米设一通风口。温室前底脚处有暖气沟或加温火管。这种结构的温室,坚固耐用,采光良好,通风方便,有利保温和室内作业。

图79　全钢拱架塑料薄膜日光温室

4. 97式日光温室　见图80。

室内净宽7.5米,长60米,脊高3.1米,顶高3.47米,后墙高1.8米,跨度2米,室内面积453.6米²,内部无立柱。前屋角20°~22°,立窗角70°,

下篇　专家点评

后坡 30°，前、后坡宽度投影比为 3.8:1，属短后坡型。

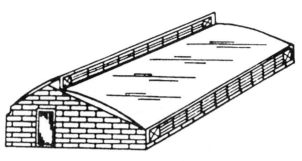

图 80　97式日光温室

覆盖材料是用 0.15 毫米或 0.12 毫米进口聚乙烯长寿膜，双层充气，也可根据生产要求，内层使用红外保温无滴膜，整体充气，塑料薄膜无接缝，不用压膜线，抗风能力强。

97 式日光温室将双层塑料薄膜充气结构改进为双层砖墙结构，保温性提高，热量流失少。温室顶部、侧墙配有专门的通风窗，可灵活控制温室内温度及通风量。

5.半地下式塑料薄膜大棚　见图 81。

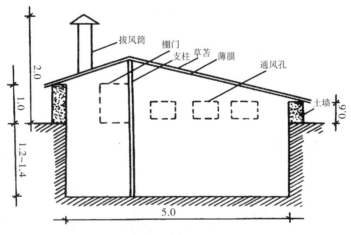

图 81　半地下式塑料薄膜大棚（单位：米）

半地下式塑料大棚一般在建造时，大棚的主体部分向地面下挖 1.2~1.4 米，大棚外的高度 60 厘米左右，而大棚内部的高度 1.8~2 米，这种结构的大棚保温、保湿效果好，冬暖夏凉，结构简单，建造省工、省材，适合农村及贫困地区使用，大棚可大可小，外形呈斜坡或弓形均可。

(三)灭菌设备

种植能手刘国振同志介绍了几种常压蒸汽灭菌灶,几种小型高压灭菌设备。比较经济适用,生产者应根据自己的生产规模、经济实力以及发展潜力,选择购买适宜的灭菌设备。工厂化和规模化较大的生产者不太适宜常压设备,因为常压灭菌存在升温慢、灭菌时间长、耗能大、烧火人员稍有不慎就会出现培养料变酸或灭菌不彻底的危险。

目前,工厂化和规模化较大的企业多采用高压蒸汽灭菌,虽然高压蒸汽灭菌锅投资较大,但密封性好,耗能低,灭菌时间短,效果稳定。常见的大型灭菌锅有圆筒形和方形两种。这些设备都装有压力表、温度表、放气阀和安全阀,均有专业医疗器械设备厂生产,圆筒形和方形灭菌锅见图82、图83。

图82 圆筒形高压蒸汽灭菌锅

图83 方形高压蒸汽灭菌锅

茶薪菇 种植能手谈经

(四)场地消毒

新建的栽培设施,必须在使用前5~7天建成,老场地也应进行一次彻底的检修及材料更换,以免影响正常生产,造成不必要的损失,然后进行一次认真细致的消毒、杀虫处理。

1. 紫外线照射 利用紫外线灯管照射对出菇场地进行消毒处理,按20米²装30瓦紫外线灯1支,开启照射30~60分,主要杀灭各种微生物。

2. 化学药剂喷洒 利用化学杀菌药剂,配制碱水溶液,对菇房内四周、空间、支柱等进行喷洒2~3次,可起到较好的消毒效果,常用的药剂有克霉灵I型、克霉灵II型、万菌消、菇力达、硫酸铜、氢氧化钠、过氧乙酸等药剂。

3. 利用化学药物熏蒸消毒 按1米³空间用福尔马林8~10毫升,高锰酸钾4~5克(或福尔马林直接加热)密封熏蒸消毒,也可用硫黄粉15~20克,或烟雾消毒剂3~4克,点燃熏蒸12~24小时。

4. 喷洒杀虫剂 出菇场地在使用前喷洒杀虫、杀螨药剂,对危害茶薪菇生产的害虫进行杀灭处理,常用的杀虫、杀螨药剂有虫螨杀、虫立灭、敌菇虫、氯氰菊酯、敌百虫、辛硫磷、克螨特等。

诚告家行

无论消毒还是杀虫,操作者都必须穿长袖上衣和长裤,并佩戴帽子、橡胶手套、防毒面具或口罩和眼镜,尽量减少皮肤裸露部分,以免消毒剂、杀虫剂给人身造成伤害。

行家说茶

三、关于栽培季节的确定问题

不同的地域,不同的季节,环境条件千差万别,茶薪菇作为一个有生命的物体,对环境条件有着特殊的要求,选择自然环境条件适宜其生长发育的季节进行生产,是获得生产利润最大化的前提。

茶薪菇的栽培时间主要是根据其菌丝的生长和子实体发育的温度,选择适宜的自然季节来进行栽培管理。茶薪菇在自然季节栽培,科学合理的安排好制种时间和栽培季节非常重要。只有使出菇阶段的温度保持在 13~25℃,才能达到茶薪菇优质、高产的目的。

我国地域辽阔,在同一季节因地区不同而气候各异,特别是南、北气候相差悬殊,所以,应根据茶薪菇低温出菇的遗传特性、品种特性及生产目的、生产条件和生产区域,做到因地制宜,合理安排。

知识链接

茶薪菇规范化高效栽培的季节安排,主要掌握好以下四点:

1.把好"两条杠杆"　茶薪菇属于中温型的菌类。菌丝生长最适温度 20~28℃,出菇中心温度为 20℃左右。一般菌株子实体分化发育需 13~25℃,中温偏高型菌株需 15~30℃。根据其生物学特性的要求,一般安排在春、秋两季栽培为宜。具体把握好"两条杠杆":一是接种后 50~60 天内为发菌期,当地自然气温不超过 30℃;二是接种日起,往后推 50~60 天,进入出菇期,当地气温不低于 13℃、不超过 25℃。

2.选准最佳接种期　最佳接种期确定是否准确,对菌丝生长和出菇时间关系极大。因为菌袋处于最佳时期接种,有利于菌丝在自然气候条件下正常生长发育,并顺利由营养生长转入生殖生长,养分消耗少,成本低,出菇快,产量高,菇质好,效益高。反之,错过季节,虽然也会长菇,但时间长,产量和效益都要受影响。所以,确定最佳接种期,是茶薪菇栽培中的一个重要技术环节。

最佳接种期是指,当地的温度达到适合茶薪菇子实体分化发育所需的温度(20℃左右时)时间为起点,倒计 50~60 天,即为最佳的接种期。例如,当地秋季月平均气温 28℃左右为 10月上旬,倒计 50~60 天计算,也就是 8月上旬为最佳接种期。此时立秋过后,气温一般在 30℃以下,接种后经过 50~60 天菌袋培养,10月上旬寒露季节进入长菇期,此时自然气温在15℃以上,正适合子实体分化发育。由秋冬直至翌年春季长菇,盛夏高温休停后,到了秋季照常长菇,生产周期一年左右,收获菇量多。因此,大面积栽培,以秋季接种较为理想。

3.回避两个不利温区　栽培季节安排时,要回避不利茶薪菇菌丝体生长和子实体分化的两个不利温区,即夏季7~8月高温期和冬季12月至翌年1月低温期,无论是春栽还是秋栽都要掌握。例如,春栽2~3月接种菌袋,发菌培养50~60天后,到5~6月进入长菇期,自然温度正适合长菇。但长菇时间仅2个月,就进入7~8月高温期休停期,需待9月气温下降至适温时,才继续出菇。如果提前于冬末早春接种,气温太低,菌丝生长缓慢,生理成熟延长,也不利于出菇。因此,春栽应选择在夏季气温不超过30℃的地区,南方应在海拔600米以上的地区。

4.区别海拔划分产季　我国大部分地区属于温带和亚热带,气候温暖,雨量充沛,在自然条件下,南方沿海地区可进行茶薪菇周年生产。但各地所处纬度不同,海拔高度不一,自然气候差异甚大,根据各地实践经验,产季安排如下:

(1)长江以南诸省　春季宜2月下旬至4月上旬接种菌袋,4月中旬至6月中旬长菇;秋季宜8月下旬至9月底接种菌袋,10月上旬始至翌年春季长菇。

(2)华北地区　以河南省中部气温为准。春季宜3月中旬至4月底接种菌袋,5月初至6月中旬长菇;秋季宜8月上旬至8月下旬接种菌袋,9月下旬至10月下旬长菇。大棚内控温不低于15℃,冬季照常长菇。

(3)西南地区　以四川省中部气候为准。春季宜3月下旬至4月中旬接种菌袋,5月下旬至6月底长菇;秋季宜8月初至9月上旬接种菌袋,10月中旬始至翌年春季长菇。

行家说种

四、关于茶薪菇优良品种的选育问题 ---------------◆

生物品种多种多样,每一个品种(菌株)都有其独特的特性,同一菌株又因其产品用途和生产条件不同而使产品形状、色泽、产量相差甚远。

茶薪菇的育种，首先是从自然界把野生的茶薪菇菌株驯化培育成能够进行人工栽培的品种。通过与其他栽培菌株对比，获取各自的优势和不足信息，再通过杂交、诱变、细胞融合等育种手段，选育出适合干制、鲜销、罐藏等要求的优良栽培菌株，应用于大面积推广。

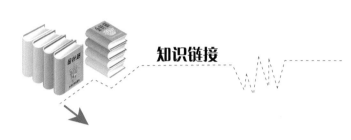

知识链接

下篇 专家点评

(一)人工选择育种

人工选择育种也称驯化育种或系统选育，是以茶薪菇在自然界的自发变异为基础，选育出高产、优质菌株的方法。这种方法不能改变个体的基因型，只是利用自然条件下发生的有益变异，进行人工选择，从中分离选育出优质、高产菌株。自然选育的核心是自发突变与人工选择。

1.种菇的选择　由于茶薪菇成熟后孢子弹射量较大，在自然界生长的野生茶薪菇孢子弹射后会随风飘浮，传播性很强，飘浮的孢子遇到适宜生长的环境条件，就会萌发成菌丝体，继而形成子实体完成其生活史。因此，采集到的野生茶薪菇，即便是色泽、形状有所差异，也可能因腐生的树种、环境、季节等条件不同而不同，都有可能是同一菌株。

2.定向选育　为避免人力、物力的浪费，提高工作效率，在育种过程中，对收集到的野生茶薪菇菌株的纯菌种进行拮抗试验，淘汰那些编号不同，但基因型相同的菌株。然后将所留菌株的纯菌种放在同一培养基上进行栽培试验，在相同条件下进行菌丝培养，并详细记录菌丝的萌发、吃料、生长速度、色泽、疏密等数据。菌丝发好后进行出菇管理，根据现蕾快慢、菇蕾多少、色泽深浅、菌柄粗细、菌盖大小、产量高低、生育期长短和抗病力强弱为选种目标，采用优胜劣汰的方法，筛选出符合要求的菌株，经扩大试验后，选出 1~2 个有代表性的优良菌株，在试验基地进行示范性生产，结果确定后，再逐步推广。

对筛选出来的野生茶薪菇菌株再经不断的人工选择，保持原菌株的优良特性，改变部分特性，就可以逐渐变成人工栽培品种。

（二）杂交育种

食用菌杂交育种的基本原理是通过单倍体交配实现基因重组。杂交育种通过选择适当的亲本进行交配。从杂交后代中选育出具有双亲优良性状的新品种，具有一定的定向性。通过杂交，一方面可使优良的基因进行重组与累加；另外，可利用 F_1 代产生的杂种优势，得到有突出表现的菌株。世界各国育种工作的现状说明，常规的杂交育种仍是食用菌育种中应用最广泛、效果最显著的重要手段。国内外仍普遍采用此法。茶薪菇属于异宗结合的菌类，可利用不同性别的单核菌丝进行杂交，其杂交方法有单孢杂交和多孢杂交两种。

1.单孢杂交　单孢杂交就是首先选择两个菌株，然后通过单孢分离获得单孢菌丝体，把单孢菌丝配对杂交，获得杂交子，杂交子进行繁殖筛选，从中选出优良菌株。其杂交步骤和方法是：

亲本菌株选配→单孢分离→配对杂交→转管繁殖→镜检初筛→复筛→菌株栽培→F_2 代菌株筛选→稳定性考察→示范推广。

（1）选择亲本　从大量野生或栽培菌株中选出杂交甲、乙亲本。在无菌条件下对种菇子实体消毒后，搜集孢子。

（2）单孢分离　从不同亲本子实体中分离出一定量的甲、乙单个担孢子（单核菌丝）。

1）玻片稀释分离法　将种菇在无菌条件下收集到的孢子制成悬浮液，再加入适量无菌水，稀释到每小滴悬浮液大致只含有一个孢子。将此液滴在载玻片上，在显微镜下检查。然后将确认只含有一个孢子的悬浮液移接到培养基上培养。

2）平板稀释分离法　取 5 只空试管，每支加入 9 毫升洁净水，塞好硅胶塞经高压灭菌后，将其编号为 1、2、3、4、5。在无菌条件下，用无菌吸管吸取 1 毫升孢子悬浮液，注入 1 号试管中，将试管充分摇匀；继而换新吸管，从 1 号试管中吸取 1 毫升稀释孢子悬浮液，注入 2 号试管中，以此类推，便可获得 5 个不同稀释浓度的孢子悬浮液。以从中选择 100 个孢子/毫升的稀释浓度为宜，在这种试管中，吸取 0.1 毫升滴入直径 9 厘米的无菌培养皿内，然后每皿倒入已冷却到 45℃ 的琼脂培养基 15~20 毫升，在工作台上轻轻旋转均匀，静置使其凝固成平板，将培养皿倒置于 24℃ 恒温箱内培养 7 天，待平板上长出单个菌落，在放大镜下检查，确系单孢者，移接到斜面培养基上。

3）显微操作器分离法　这是机械手代替人手分离的方法。此操作较方便，但价格昂贵。

（3）杂交配对　因茶薪菇单核菌丝时间很短，担孢子一旦萌发成单核菌丝，需立即让不同亲本的甲、乙单核菌丝以单×单方式尽快配对结合，形成双核菌丝。否则单核菌丝断裂成粉孢子后再进行杂交，就会发生有性和无性掺杂的现象。其杂交在直径2厘米的大试管内进行。在每支试管斜面培养基上，接入杂交亲本的单核菌丝各一块，二者的距离为2.5厘米，在24℃条件下培养。当两个单核菌丝体接触后，挑取接触后的菌丝用显微镜进行镜检，如系双核菌丝，即可挑取一小块移接到新的斜面培养基上。

（4）转管繁殖　将可亲和的双核菌丝在试管内培养到3厘米左右，转接入新的PSA试管斜面培养基上，置于23℃左右的环境中培养。

（5）镜检初筛　通过显微镜检，挑出菌丝是否有锁状联合，有锁状联合的菌株保留备用，淘汰掉无锁状联合的菌株。

（6）复筛　把有锁状联合的双核菌丝接种在同一培养基平板上，根据是否形成"抑制线"，把相似或相同的菌株分开类别，避免大量重复，挑选出各自不同并与亲本拮抗的菌株。

（7）菌株栽培　把上述挑选出的菌株进行栽培试验，测定菌株的性能，即第一次栽培筛选。经筛选后的菌株称为 F_1 代杂交菌株。根据实验结果，把产量高、色泽好、菌柄长、菌盖不易开伞、基部绒毛少或无的优良菌株筛选出来，进行组织分离，获得 F_2 代杂交菌株。

（8）F_2 代菌株筛选　继续对 F_2 代菌株进行栽培评选实验，选出优良菌株，即第二次栽培筛选。

（9）稳定性考察　经第二次栽培筛选出来的杂交菌株，还需经较大面积的中间试验，其中包括对不同区域、不同海拔、不同温度、不同气候、不同培养基等条件的栽培试验，从而选出适应范围广、产量高、质量好、抗病力强的茶薪菇优良杂交菌株。

利用茶薪菇品种间的单孢杂交，即可获得杂交异核体菌株。该异核体菌株相当于微生物杂交获得的异核体。根据对茶薪菇的子实体进行组织分离，可以保持其遗传特性，对杂交子一代的茶薪菇子实体组织进行分离，可以获得种性稳定的杂交菌株。

（10）示范推广　通过许多单核菌丝的杂交，可以得到在生理特性和形态特征等方面和亲本双核菌丝不同的菌株。从这些双核菌丝中，可以育出适合大面积栽培的茶薪菇新菌株。

2.多孢杂交　由于茶薪菇单孢杂交育种过程复杂，时间长，多采用多孢杂交的育种方法，时间短，见效快。张筱梅等用此法选育出高产、稳定菌株A207。其杂交步骤和方法是：

菌株选择→孢子杂交→及时镜检→出菇试验

（1）菌株选择　根据茶薪菇杂交优良菌株的标准,要求选择的两个亲本菌株必须具有优良菌株的某些特征。如选择亲本甲菌株具有菌盖内卷、开伞慢的特征;选择乙菌株时,必须注意选择出菇快、产量高、抗病力强的特征,以便使甲、乙菌株通过杂交具有互补性。同时,两亲本菌株必须具有远缘性,这是能否获得优良杂交菌株的关键。

（2）孢子杂交　采用担孢子弹射法,同时间进行两亲本子实体菌褶弹射下来的担孢子自由杂交。该法类似于自然界中单孢杂交,只是两个亲本菌株是经过选择的特定菌株。

1）菌褶贴附法　把甲、乙两个亲本即将弹射孢子的种菇采下,严格按照无菌操作规程,用接种针各切取1厘米左右长的菌褶,贴在斜面培养基上方的试管壁上,菌褶片贴牢后,置于恒温箱内,稍微倾斜,使弹射出来的孢子能均匀地散落到培养基斜面上。然后,将恒温箱温度控制在17℃左右,培养4~6小时,使其弹射出担孢子。再将温度调整到24℃左右,继续培养。当培养基表面出现雾状物后,在无菌条件下,用接种针将贴在管壁上的菌褶片轻轻取出,以减少杂菌感染的机会。

2）孢子稀释法　在无菌条件下,用无菌吸管吸取两个亲本的孢子稀释液,滴在同一平面培养皿中均匀涂布,之后在适温下培养,让两个亲本孢子进行杂交。

（3）及时镜检　杂交菌株一般比两亲本的单核菌丝长势快,因而发现肉眼可见长势较快、强壮的菌落,要及时挑取转接至新的试管斜面培养基上进行培养,包括由于拮抗作用而被明显分割成各小区的菌落。通过显微镜检,留下有锁状联合的菌株,并进行编号,去除无锁状联合的菌株。

（4）出菇试验　把挑选出来的菌株进行出菇试验,测定其菌丝长势、生长速度、出菇快慢、出菇量多少、形态特征及抗杂能力等指标,从中选择较优的菌株,进行子实体组织分离,得到第一批双核菌丝。

3.杂交菌株鉴定　茶薪菇杂交育成的菌株,要通过一系列的鉴定后,才能确定是否杂交成功,其鉴定方法有:

（1）形态鉴定　杂交成功的新菌株,其形态应具有两个亲本的优点,但形态只是初步的鉴定,因为它受环境等各方面因子的限制,仅用此法鉴定杂交菌株,存在一定的局限性。

（2）拮抗反应　又称对峙反应、抑制反应。把选育出来的杂交菌株与两亲本菌株同时接种在琼脂培养基上,其接触的部位具有明显的拮抗线,证明此菌株不是原来的两个亲本菌株。其接触的部位如果不出现拮抗线,则说明是为同一菌株,应予以淘汰。

（3）同工酶谱测定　将选育出来的茶薪菇杂交新菌株与两个亲本菌株进行漆酶（LC）、酯酶（EST）、酸性磷酸化酶（ACP）等同工酶谱测定。要求选育出来的菌株既具有双亲的部分酶带,又具有不同于双亲的新酶带,从而证明是一个不同于亲本的杂交菌株。

（4）稳定性鉴定　茶薪菇优良杂交菌株的稳定性要经3次以上试验室栽培和较大面积的中间试验,其生物学特性表现优良,而且极其稳定的菌株,方能定为优良的杂交新菌株。

（三）诱变育种

诱变育种是人为利用某些理化因子诱导食用菌遗传因子发生突变,再从多种突变体中选出正突变菌株的方法。诱变育种是获得优良食用菌菌株的常用手段。目前,对食用菌育种较为有效的理化因子包括钴60、紫外线、离子束、激光、X射线、超声波、快中子、亚硝酸、亚硝酸胍、氮芥、硫酸二乙酯等。这些理化因子诱使茶薪菇野生菌株和栽培菌株发生变异,筛选出生育期短、产量高、品质优的优良茶薪菇新菌株。诱发突变材料宜用单核细胞。

（四）细胞融合技术

细胞融合技术是人们按照需要,使两个不同遗传特性的细胞,融合成一个新的杂种细胞,从而人工构建新型细胞。这个细胞兼有两个亲代细胞的遗传特性。

（五）转基因育种

转基因技术就是将人工分离和修饰过的基因导入到目的生物体的基因组中。从而达到改造生物的目的。

下篇　专家点评

诚告家行

在生产实践中,只要我们勤于观察、多加留意,同样也有可能筛选到农艺性状稳定、抗逆性强、产量高、品质好的优良茶薪菇菌株。

五、关于优良品种的选择利用和差异问题 ‑‑‑‑‑‑‑‑‑ ◆

　　根据品种类型和它们之间的差异,采取针对性的生产管理措施,避害趋利,科学利用,是获得优质、高产、高效的先决条件。

目前,茶薪菇栽培技术不断完善,产量不断提高,新品种也越来越多,但是,不同品种之间产量、质量、性状和适应区域等存在明显差别,选择时要根据各地的气候特点,原料供应以及生产的目的不同,灵活选用优良菌株。新引进菌株必须进行栽培试验,才能大面积推广应用。

路等学比较了茶薪菇1号、茶薪菇2号等7个菌株,发现不同品种产量差异显著,茶薪菇1号表现最好。龚凤萍比较了茶薪菇2号、茶薪菇4号、茶薪菇6号、茶薪菇12、茶薪菇16、茶薪菇ASL、茶薪菇(白)等7个菌株。结果表明:茶薪菇2号、茶薪菇ASL、茶薪菇4号3个菌株农艺性状好,尤其是茶薪菇2号表现最为突出,适合豫南地区栽培。

知识链接

(一)茶薪菇的类型

茶薪菇根据子实体分化对温度的要求不同,可以分为三种不同温度类型:

1.中温型菌株　子实体分化温度为10~22℃,最适温度为16~20℃,产菇期春、秋季为多。

2. 中温偏高型菌株　子实体分化温度为15~28℃,最适温度为20~25℃,产菇期春末夏初和秋季。

3. 中温偏低型菌株　子实体分化温度为10~18℃,最适温度为10~16℃,产菇期早春、秋末和冬初。

(二)茶薪菇的优良菌株介绍

当前生产上应用的优良菌株主要来自福建和江西两省。福建推广的优良菌株有茶薪菇1号、茶薪菇2号、茶薪菇3号、茶薪菇5号和茶薪菇8号。茶薪菇1~3号为中高温型,茶薪菇8号抗逆性强,高产优质。目前,全国推广的茶薪菇主要菌株见表3。

表3　目前全国推广的茶薪菇主要菌株

菌株代号	温度型	子实体生长温度(℃)	种性特征
赣茶1号	中高温 中温 中低温	10~24	丛生,菌盖圆整,土黄褐色,边缘有菌皱,菌肉厚,柄脆、白,气味香浓,适熟料栽培
赣茶2号	中高温 中温 中低温	13~25	丛生,菌盖呈麻花点,半球状,盖皱锈褐偏黄,菇柄粗壮,香味特浓,适鲜销和干制。抗性较强,产量较高。周年出菇
赣茶3号	中高温 中温 中低温	13~27	丛生,菌盖锈褐偏灰,柄脆一折就断,菇形圆整,好看,适鲜销,秋、冬、春可出菇
赣茶4号	中高温 中温 中低温	15~27	丛生,子实体外观好,菌盖褐色,带绒毛,半球状,菌柄浅棕色,20℃以上时出菇良好,出菇早,转潮快,味美香甜。春、秋出菇
赣茶5号	中高温 中温 中低温	10~24	丛生,菌盖光滑,球形,深色,盖小,柄近白色,适料广。秋、冬、春可出菇
AS·b	中温	10~24	丛生或单生,出菇快,黄褐色,柄长,圆柱状,生物转化率100%
高茶1号	中高	14~30	丛生,茶褐色,盖半球形,柄圆、脆,味香,转潮快,产量高,周年生产
强茶1号	中高	15~28	丛生,菌盖茶褐色,柄圆长适中,脆嫩,味香,形美,出菇快,生物转化率100%
茶薪菇5号	中高	12~28	丛生,菌盖圆形,土黄色,柄脆较白,口感好,出菇50天
庆丰1号	中温偏高	10~30	丛生,菌盖圆整,土黄褐色,边缘有菌皱,菌肉厚,柄脆,味香
古茶1号	中温偏高	13~28	丛生,菌盖半球形,褐色,柄脆,清香,外形美观,出菇快,周年产菇,产量高
鑫茶2号	中温偏高	13~30	丛生,菌盖有麻花点,半球状,锈褐偏黄,菌肉厚,柄粗,味香,抗性强,周年出菇
AS-2	中温	10~25	丛生,菌盖光滑,球型偏小,黄褐色,柄脆,近白色,味香
闽茶A号	中温偏高	13~28	丛生,菌盖褐色,带绒毛,半球形;菌柄土黄色,出菇早,转潮快,外观美,味香,产量高

(三)优良品种的利用问题

茶薪菇菌种分母种、原种、栽培种三级,因此又称一级种、二级种、三级种。刘国振同志已对菌种的制作方法作了系统的介绍,但是菌种的制作需要一定的专业技术水平和相应的配套设施,又因母种、原种的用量较少,其制作、培养等费用相加还不如购买的划算。而且母种、原种的制作要求很严格,一旦出现问题就会造成严重的经济损失。生产者最好到可信赖的专业制种单位购买。

(四)品种之间的差异问题

茶薪菇的不同品种在栽培管理过程中虽然大同小异,但是生产者如果了解不透"小异"也会给生产造成极大的经济损失。因不同品种之间遗传特性不同,在同一培养料配方上,会出现菌丝生长速度、浓密度和现蕾的快慢等差异。因此,应引起生产者注意。

诚告大家

购买菌种时要严格坚持一问、二看、三注意的原则。

☞一问。问清品种来源及特性。到菌种生产单位购买常用品种时,要问清菌种来源,因目前菌种同种异名、同名异种现象比较严重。对于新品种,要问清品种特性和适宜栽培的区域,然后少量引进试栽,以免给生产造成损失。

☞二看。看菌种编号及外观。因制种单位面对的是不同的客户,同类茶薪菇会生产几个甚至更多特性不同的品种,避免取错品种为生产造成损失。看菌种外观,菌丝是否浓密洁白、均匀一致,有杂色斑点或拮抗线的不要购买或引进。

☞三注意。注意天气、包装和运输工具。购进菌种时要注意天气变化,菌种培养都是在控温条件下进行,一旦取出培养室,若环境温度在30℃以上,会使菌丝迅速衰竭、活力下降,从而影响转接后的成活率。包装要用周转筐,装入密闭的塑料袋、编制袋内或避免大量堆积,以免其自身产热得不到散发而被闷死。长途运输要用有降温设施的车辆,以免长时间高温造成菌种衰竭或死亡。

行家说种

六、关于菌种制作与保藏技术应用问题

优良品种是获得高产、高效的基础，怎样才能快速、高效生产出茶薪菇菌种？生产的品种应该怎样保管和贮藏呢？

茶薪菇菌种制作与保藏是茶薪菇生产的关键环节。纯度高、生命力强的菌种是茶薪菇栽培取得优质、高产的先决条件。菌种质量的优劣，不仅关系到菌种生产单位经济效益的高低和信誉的好坏，而且直接影响茶薪菇生产者的经济效益。因此，菌种生产应在选用优良品种的基础上，采取正确的制种方法，制出纯度高、性能优良的菌种。

目前，茶薪菇大面积应用的菌种有三种，一是传统且应用面积最广的固体菌种，二是液体菌种，三是木条菌种。

知识链接

固体菌种的制作，前面刘国振同志已做了系统制种介绍，现对茶薪菇液体菌种制作、木条菌种制作和菌种保藏作以补充。

（一）液体菌种制作技术

液体菌种制作的设备条件要求较高，投资较大，且运输、保存和生产环节要求严格，技术操作人员必须具备一定的微生物鉴定实践经验，否则一旦出现问题，损失惨重。因而只有具备条件才能进行液体菌种生产。

液体菌种制作主要设备有恒温振荡培养器、小型液体发酵罐、大型液体连续发酵罐以及相应的接种设备，见图84、图85、图86。

图84　恒温振荡培养器

图 85　小型液体发酵罐

图 86　大型液体连续发酵罐

1.液体菌种的优点

(1)周期短　固体菌种培养一般需 25~40 天,而液体菌种培养仅需 3~7 天。

(2)萌发快　液体菌种具有流动渗透性,每个栽培袋接种的菌种内有数以万计的鲜活菌球深度深入,因此接种后多点萌发,内外、上下一起长,24 小时左右菌丝布满料面,15 天左右可长满栽培袋,一般品种十多天就可出菇。由于萌发快,减少了杂菌污染。

(3)菌龄短　因液体菌种发菌点多,加上营养液营养丰富,菌丝生长速度快,活力强且菌龄一致,减轻菌袋后期杂菌感染,可使茶薪菇的产量和质量明显提高。

(4)成本低　液体菌种接种,每袋菌种成本仅几分钱,只有固体菌种的 1/10~1/5,用液体菌种接种,比固体菌种接种工作效率提高 4~5 倍,从物力、人力上都降低了成本。

(5)纯度高　使用液体菌种机培养液体菌种在完全无菌的密封环境中快速萌发,动态培养,因而菌种纯度高,确保出菇健壮。

(6)出菇齐　采用液体菌种的栽培袋菌龄短,出菇整齐一致,质量好。

(7)适宜工厂化生产　综合以上因素,使用液体菌种生产食用菌,为标准化、规模化、工厂化生产提供了有效的保障。

2.液体菌种制备过程

(1)培养液配方

配方 1　马铃薯 20%、葡萄糖 3%、玉米粉 1%、豆饼粉 2%、碳酸钙

0.2%、磷酸二氢钾 0.1%、酵母粉 0.5%、硫酸镁 0.05%、水 73.15%。

配方 2　马铃薯 20%、葡萄糖 2%、玉米粉 1%、蛋白胨 0.2%、磷酸二氢钾 0.05%、氯化钠 0.01%、水 76.74%。

（2）工艺流程　斜面菌种活化→初级摇瓶种→二级摇瓶种→发酵罐深层发酵种→接种。

（3）制作过程

1）斜面菌种活化　将保藏的斜面菌种重新接种培养，称为菌种活化。取试管保藏种，接到和保藏菌种同种配方的斜面培养基上，每管接入 0.5 厘米×0.5 厘米菌种块一块，于 25 ℃恒温培养箱中暗培养 8 天，待菌丝长满斜面后备用。

2）摇瓶菌种制种

①初级摇瓶制作

a.配方

配方 1　马铃薯 20%、葡萄糖 3%、玉米粉 1%、豆饼粉 2%、碳酸钙 0.2%、磷酸二氢钾 0.1%、酵母粉 0.5%、硫酸镁 0.05%、水 73.15%。

配方 2　马铃薯 20%、葡萄糖 2%、玉米粉 1%、蛋白胨 0.2%、磷酸二氢钾 0.05%、氯化钠 0.01%、硫酸镁 0.05%、水 76.69%。

b.制作：土豆去皮切成薄块，煮沸后保持 20 分，四层纱布过滤后取滤液，补足水分，称取其他成分，与土豆液充分搅匀然后装入三角瓶。

初级摇瓶采用 500 毫升三角瓶，装入 200 毫升，放入玻璃球 5 粒（或磁力搅拌子）用二层纱布包裹制作棉塞，塞紧棉塞后再用二层纱布外层加报纸做罩，扎紧瓶颈，防止摇动时棉塞活动。

c.灭菌：把三角瓶放入立式高压锅灭菌，当压力达 0.11 兆帕，温度达到 121℃时，保持 45 分。断电使其降温至 25℃即可出锅接种。

d.接种：在无菌条件下每瓶接入 0.5 厘米×0.5 厘米的菌丝块 4 块（使其浮在液面），在 25 ℃下静置培养 48 小时。

e.初级摇瓶培养：当静置培养 48 小时后，液面菌种长到 1 厘米大，无污染，即可将三角瓶放到小型摇床上培养。保持培养温度 25℃，启动开关，调速至 150 转/分，培养 96 小时，当菌液颜色清亮、菌球密集，占整个培养液的 80%以上，瓶口处有很浓的菇香味，可作为二级摇瓶扩大培养的种子使用。

②二级摇瓶制作培养　二级摇瓶菌液配方与一级相同，5 000 毫升三角瓶装液 2 000 毫升放入玻璃球 8~10 粒（或磁力搅拌子），灭菌压力、时间同一级，接种在无菌条件下迅速将一级摇瓶种倒入二级摇瓶中，接种量

10%，塞紧棉塞绑好棉塞罩，即可放到摇床上培养，保持环境温度25℃，转速150转/分，培养72~96小时。

72小时后，菌液颜色变清亮，菌球小而均匀密集，占菌液的80%以上，瓶口有明显菇香味，既为合格的液体摇瓶种，可以用于发酵罐扩大培养。

3）发酵罐深层发酵培养

①液体罐培养基配方　玉米粉4%，麸皮2%，蔗糖3%，磷酸二氢钾0.25%，硫酸镁0.1%，维生素B_1 0.01%，豆油0.05%，水90.59%。

②制作方法　按发酵罐最高70%的容量确定需要制作的菌种量，按比例称取各种原料，用2层纱布做袋，把玉米粉和麸皮分装两袋放入煮锅中加足水，开锅沸腾后保持30分，摆动纱布袋使营养充分溶于水中，然后控水取出，最后把剩余其他成分先溶于2升水中搅匀加入煮锅内，开锅搅拌均匀，即可入罐灭菌。

③发酵罐的准备

a.发酵罐的清洗和检查：发酵罐在每次使用后或者再次使用前都必须进行彻底的清洗。除去罐壁的菌球和菌块，料液和其他污染物，对于内壁的菌球可以用木棒包扎软布擦拭，洗罐的水从罐底排出，如果有大的菌料不能排出，可以卸下罐底的接种管线排出菌料；发酵罐的气密性检查：关闭发酵罐所有阀门，稍微打开进气阀门，开启打气泵，让发酵罐压力缓慢上升至0.1兆帕后，关闭空气进气阀门保压，用肥皂水喷洒与发酵罐上的法兰连接处、焊接处、压合密封面处，逐一检查以上的地方是否有肥皂泡吹起以确定罐体的严密性，若有漏气现象应立即排除；发酵罐的控制柜和加热棒检查，发酵罐清洗完毕后加水以超过加热管为宜（绝对禁止加热管干烧）然后启动设备，检查控制柜，加热管是否正常，各个阀门无渗漏，检查合格后方可工作。

b.发酵罐煮罐：正常生产不需要煮罐，上一次生产完毕，只需要将罐洗净就可以进入下一批生产。如果有下列情况之一的需要煮罐：新罐，初次使用；上一次污染的发酵罐；更换生产品种的发酵罐；长时间不使用的发酵罐。

煮罐是对发酵罐进行预消毒的过程，具体操作方法：关闭发酵罐底部的接种阀门，进气阀门，把水从发酵罐口加入至视镜中线，盖上发酵罐口盖子，拧紧，打开发酵罐夹套排气阀门和发酵罐排气阀门；启动电源，打开控制柜"灭菌"键，此时进入灭菌状态；当温度升到100℃夹套有蒸汽冒出时，调节夹套排气阀门的开度，保证发酵罐内冷空气排净并保证有蒸汽流通；当控制柜显示屏幕上显示温度123℃，压力表压力达到0.12兆帕时控制柜自动倒计时,屏幕上可以显示发酵罐温度和倒计时时间,当倒计时时间显示为 0 时,控制柜自动报警,此时发酵罐灭菌结束。关闭加热棒、关闭发酵罐排气阀门,闷 20 分后打开排气阀门和接种阀门,放掉发酵罐内压力和水,煮罐结束。

c.发酵罐空消(内胆、过滤器、管线的消毒):发酵罐空消是对发酵罐进行设备消毒灭菌的过程,对于放置一周不用的发酵罐或者是因为停电使空压机(打气泵)停止运转的发酵罐都需要进行发酵罐的空消操作,具体的操作方法:

关闭发酵罐除夹套排气门外的所有阀门,拧紧发酵罐罐口盖子;启动电源,打开控制柜"灭菌"键,此时进入灭菌状态;当温度升到 100℃夹套有蒸汽冒出时关闭夹套排气阀门,此时给夹套升温升压,当夹套压力达到 0.05 兆帕以上时,不要超过 0.1 兆帕缓慢打开夹套进过滤器阀门,打开过滤器尾阀门;当过滤器冷凝水排放完毕有蒸汽冒出后微开过滤器尾阀门,缓慢打开进气阀门尾阀门,排放空气管道内的冷凝水,冷凝水排放完毕后缓慢打开进气阀门,使得蒸汽慢慢进入罐体;微开发酵罐排气阀门,缓慢将发酵罐内的冷空气排放出去,在空消的整个过程中,控制发酵罐排气阀门,使得发酵罐排气阀门有少量蒸汽流通;当控制柜温度显示接近 123℃,发酵罐罐内压力接近 0.12 兆帕时缓慢打开接种管道尾端,将接种管道内冷凝水排放完毕后保证尾端有少量蒸汽冒出保证蒸汽流通;当温度到 123℃,发酵罐压力达到 0.12 兆帕时控制柜开始倒计时,屏幕上显示温度和倒计时时间,当倒计时时间为 0 时,控制柜自动报警,此时空消结束;空消结束后,关闭发酵罐加热棒,关闭夹套进过滤器阀门,发酵罐进气阀门,发酵罐接种阀门,接种管道尾端阀门。微开发酵罐排气阀门、夹套排气阀门,发酵罐进气阀门尾阀门,使得夹套,发酵罐内,过滤器的压力慢慢下降,当过滤器压力即将降完时,打开空压机(打气泵),使得空气流通过滤器,通过过滤器的空气在发酵罐进气阀门尾阀门排放掉,流过过滤器的空气对滤芯吹 30 分,使得吹出的空气无水分后备用。

④投料　投料前检查发酵罐接种阀门和发酵罐进气阀门是否关闭,确认发酵罐内压力为 0。将发酵罐口打开,将配好的培养基由罐口倒入或用泵打入发酵罐中,加入泡敌,然后加水定容,液面高度以高于视镜下边缘 10 厘米为宜。拧紧发酵罐口盖子,以防漏气。

⑤发酵罐实消　投料结束后,打开夹套排气阀门和发酵罐排气阀门,启动电源,按下"灭菌"键,此时进入灭菌状态。当温度升到 100℃夹套有蒸汽冒出时关闭夹套排气阀门,发酵罐排气阀门微开,整个发酵罐实消过

程中控制发酵罐排气阀门的开度，保证发酵罐罐内冷空气排净并保证有蒸汽流通。当控制柜显示屏幕上显示温度 123℃，压力表压力 0.12 兆帕时控制柜自动倒计时，屏幕上可显示发酵罐温度和倒计时时间，当时间倒计时为 0 时，控制柜自动报警，打开夹套排气阀门，发酵罐排气阀门，使得夹套和发酵罐压力缓慢下降（发酵罐压力不能掉零）此时发酵罐灭菌结束。

注意：计时开始时和灭菌即将结束时需要对发酵罐进行排料操作，微开接种阀门，有少量气、料排出即可，每次排料时间 3~5 分。排料的目的一是排出阀门处的生料，二是对阀门管路进行灭菌。

⑥培养基冷却 培养基冷却是将灭菌结束后的培养基由 123℃降至 25℃的过程。可采用两种冷却方法：一是通冷水，利用循环冷却水进行冷却降温。二是发酵罐通气，在培养料灭菌最后一次放料后，微关发酵罐进气阀门尾阀门，同时微开发酵罐进气阀门，启动空压机，操作缓慢进行，使得之前通过过滤器的无菌空气通入发酵罐内。控制发酵罐排气阀门使发酵罐压力控制在 0.04 兆帕。

⑦发酵罐接种 发酵罐接种在发酵罐的整个操作过程中尤为重要，接种操作直接影响到后期发酵罐培养工作。接种前要准备好火圈（棉花缠紧，用纱布套上）、火机、95%工业酒精、75%消毒酒精、手套、湿抹布。

具体操作：关闭门窗以及通风设施，用消毒液喷洒后开启臭氧机灭菌，进行环境、工具、工作服消毒，屏风围挡；接种人员在环境消毒后进入现场，着工作服、戴口罩、卫生帽，将火圈用酒精浸泡后套入发酵罐罐口；接种人员用 75%消毒酒精擦拭双手以及种子瓶口后，点燃火圈；火圈点燃后，关闭发酵罐进气阀门，打开发酵罐进气尾阀门，微开发酵罐排气阀门，当发酵罐罐压降至 0.01 兆帕以下时，关闭发酵罐排气阀门，在火焰的保护下打开发酵罐罐口，发酵罐罐口盖子移至火焰上方；接种人员将种子瓶移至火焰处，一手拿瓶一手拿镊子在火焰的保护下将瓶口的棉塞旋下，棉塞要在火焰的保护区内，用火焰对种子瓶口消毒后，稳、准、快地把种子培养液倒入发酵罐内，接种量 10%。在火焰的保护下将棉塞塞住瓶口，移出火焰保护区，种子瓶备检；在火焰的保护下迅速将发酵罐口盖子拧紧，迅速打开发酵罐进气阀门，关闭发酵罐进气尾阀门，使得发酵罐压迅速上升。湿抹布将火焰扑灭。收起火圈，去除屏风。

注意：整个接种过程禁止人员走动，禁止说话，防止空气流动，穿戴好防护用品，整个过程要快速有序。

⑧培养 接种结束后微开排气阀使罐压至 0.02~0.04 兆帕，并检查培养温度和空气流量，培养温度设定在 25℃，通气量 6 升/分。通气压力为

0.06 兆帕,即可进入培养阶段,(根据发酵的品种不同,控制各个品种所需要的温度,通气量等各种参数)。

注意:罐压低于 0.02 兆帕易染杂菌,高于 0.04 兆帕会降低寿命,气体气泡直径变小,溶氧减少,高压时二氧化碳溶解度大于氧气。

⑨取样观察　接种 24 小时以后,每隔 12 小时可从接种口取样 1 次,观察菌种萌发和生长情况。一般"三看一闻",一看菌液颜色,正常菌液颜色纯正,虽有淡黄、橙色、浅棕色等颜色,但不混浊,大多越来越淡;二看菌液澄清,大多澄清透明,培养前期略显浑浊,培养后期菌液中没有细小颗粒及絮状物,因而菌液会越来越澄清透明,否则为不正常;三看菌球周围毛刺是否明显及菌球数量的增长情况,食用菌菌球都有小小毛刺,或长或短,或软或硬。在 48~72 小时,菌球浓度增长较快,体积百分比浓度 80% 可接袋。若变浑浊、霉味、酒味,颜色深说明已坏。闻是闻液体气味,料液的香甜味随着培养时间的延长会越来越淡,后期只有一种淡淡的菌液清香味。

注:实际接袋时间以取样为准:静置 5 分,菌球既不漂浮,也不沉淀,菌液澄清透明,菌球、菌液界限明显,袋内温度降至 30℃以下(第 1 天接液体罐,第 2 天装袋)。若无菌袋,关闭启动电源,冷水降至 15℃下,可保持 2 天。

⑩接菌袋　当发酵结束后,利用空压机将罐压升至 0.05 兆帕(根据接种管道控制发酵罐压力),将接种枪提前用高压灭菌锅灭好,在火焰的保护下接在接种管道的尾端。依次打开发酵罐接种阀门,接种管道尾端阀门、接种枪。

枪头要用火焰灭菌,灭菌后放掉残存在接种管线内和接种枪内的冷凝水后方可接种。

若培养过程中突然停电,应立即依次关闭发酵罐进气阀门、发酵罐排气阀门、发酵罐进气尾阀门,保持发酵罐内部为正压力。待通电后依次打开发酵罐进气阀门、微开发酵罐进气尾阀门,缓慢打开发酵罐进气阀门,防止培养基进入过滤器。

(4)液体菌种的使用　固体培养基生产原种需 30 天以上,采用液体培养基培养仅需 1 周左右,可缩短 4 倍的培养时间。

液体菌种接种前的消毒准备工作与固体菌种相同。消毒完毕,在接种箱内,按无菌操作,在靠近酒精灯火焰处将液体菌种倾斜倒入,或用接种枪射入原种、栽培种、栽培袋的培养基表面和中间孔内,接种量为 15~20 毫升/瓶(袋)。接种后,置于 23℃左右的培养室内培养,25 天左右即可发满菌

丝。

(二)木条菌种制作技术

1.木条菌种的优点　近年来,工厂化栽培食用菌,除了采用液体菌种外,木条菌种也被广泛采用。木条菌种与传统的木屑菌种相比,具有发菌时间短,菌龄一致;接种后菌丝吃料快,生长旺盛,制作技术简单,成本低廉,感染率低,菌棒发育良好,耐老化;一根接一袋,接种方便,节省时间等优点。

2.木条菌种制备过程

(1)木条的选择　要求使用材质硬实、耐蒸煮、不软化、易接种的材料。专用木条、竹片、一次性筷子、雪糕棒等均可。目前,专用木条多为杨木。木条的木材最好为阔叶硬木,不能用含芳香物质的松柏木。木条长度一般为12~15厘米,宽、厚各2~3毫米。

(2)辅料的准备　单用木条空隙大,菌丝难以生长,可以添加一些辅料,填充空隙。配方如下:木条78.7%、米糠19.6%、石膏0.8%、蔗糖0.8%、磷酸二氢钾0.1%、硫酸镁10克,料水比为1:1.8。

(3)制作方法　先将量好的水倒入大锅内,再将蔗糖、磷酸二氢钾、硫酸镁溶解于水中,配制营养液。将木条倒入大锅内,加热煮沸30~40分,随机从锅内抽取数根木条,用刀纵切检查枝条吸收营养液的情况。浸透后倒入拌匀的石膏、米糠,与木条混合均匀。也可提前2天冷水浸泡木条,浸透后和辅料混合均匀。

(4)装瓶(袋)　将木条整捆装进菌种瓶或菌种袋中,750毫升的菌种瓶,每瓶可装竹片160根左右;15厘米×35厘米的菌袋,每袋可装100~120根。装好后顶部铺薄薄一层棉子壳(事先用2%石灰水洗净),菌种瓶塞上棉塞后盖一层塑料膜,菌袋袋口套上套环,再盖上盖子;制作三级菌种的方法与二级菌种基本相同。

(5)灭菌　高压灭菌0.15兆帕,125℃,保持2个小时。常压灭菌,100℃保持10小时左右,再闷锅10小时以上,保证彻底灭菌。

(6)接种　出锅完全冷却后在超净工作台上或接种箱内进行无菌接种。先打开盖口,揭掉塑料膜,用灭过菌的胶棒在待接菌种袋内打孔,接入事先准备好的菌种后马上扣盖,然后上架培养。一般试管母种可转接二级种3~4瓶(袋),二级种的接种数量视装木条数多少而定,一根木条可接1瓶(袋)三级种。

(7)培养　接种后在22~24℃环境下培养25天左右,再后熟7~10天使菌丝充分吃入木条中后方可使用。这样的菌种接种成活率高,发菌速度快。培养过程注意保持环境的空气流通,否则容易增加污染率。

(三)菌种的保藏

菌种制备后,一部分应用于生产,一部分保藏备用。优良的菌种长期使用也会退化,为使品种长期保持其优良特性不变,必须采取妥善的保藏方法及科学的定期复壮技术。茶薪菇菌种的保藏方法除前面提到的斜面短期保藏法外,还有木屑保藏法、液体石蜡保藏法和液氮保藏法等。

1.木屑保藏法　用阔叶树木屑78%、麦麸20%、糖1%、石膏1%,配制成茶薪菇培养基,加适量水搅拌均匀,装入试管长度的3/4,稍压紧,洗净管口及内壁,塞上棉塞,用牛皮纸包好,于0.15兆帕压力下高压灭菌40~60分,冷却后接种,于24℃条件下恒温培养。待菌丝长至试管2/3时,用石蜡封闭棉塞或在无菌条件下换上灭菌后的橡胶塞,再包上硫酸纸或塑料薄膜,在恒温4℃的冰箱中可保藏1~2年。

移植时取出在冰箱中保藏的试管菌种,置于24℃条件下恒温活化培养24~48小时,在无菌条件下打开试管,去除上部2~3厘米的老化菌种,用接种针挑取一块麦粒大小的新鲜菌体,转接于试管斜面培养基上,剩余部分封口后继续保藏。

2.液体石蜡保藏法　此法简单易行,无需另添设备,液体石蜡覆盖在斜面菌种上,可隔绝空气,防治斜面培养基水分蒸发,抑制菌丝代谢活动,从而达到长期保藏的目的。此法可保藏2~10年,但最好是每隔1~2年移植一次。液体石蜡菌种放置在常温下保藏,比置于冰箱内低温保藏效果更好。

(1)石蜡处理　选用化学纯的液体石蜡,装入三角瓶中,装量达体积的1/3,塞好棉塞。配上适合该三角瓶的橡皮塞,塞子的上面安装虹吸管,用纸包好。将三角瓶于0.15兆帕压力下灭菌30分,灭菌后将液体石蜡置于40℃烘箱中,使其高压蒸汽灭菌时渗入的水分蒸发。

(2)石蜡灌注　将灭菌后的装有液体石蜡的三角瓶,于接种室内装上虹吸管(少量菌种也可不用吸管),无菌条件下注入刚长好的茶薪菇母种斜面培养基内,使液面高出斜面尖端1~2厘米,石蜡液灌注过多,接种不方便;灌注过少,保藏过程中易失水萎缩。

(3)菌种保存　将注入液体石蜡的茶薪菇菌种,直立放于试管架上,置于干燥场所常温保存,防止棉塞受潮长霉。所用液体石蜡纯度要高,杂质多易引起变质或菌种死亡。保藏期间应定期检查,如培养基露出液面,应及时补充无菌的液体石蜡。若需要长期保藏的茶薪菇菌种,最好在加液体石蜡后换用无菌橡皮塞,或将棉塞齐管口剪平,采用石蜡封固,再用塑料薄膜包扎后,置于清洁、避光的木柜中(图87)。

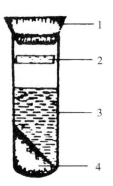

图87 液体石蜡保藏法

1.橡皮塞 2.标签 3.液体石蜡 4.培养基与菌苔

（4）移植培养　液体石蜡保藏的菌种，移植时不必将石蜡液体倒去，可用接种铲经火焰灭菌后，直接从斜面上铲取一小块菌丝，移植到试管斜面培养基上，剩余母种重新封蜡保藏。刚从液体石蜡保藏菌种中移出的菌丝体，因粘有石蜡，生长较弱，需再经转扩一次方能恢复正常。

3.液氮保藏法　液氮保藏法是目前国际上正在大力推广的一项新技术。该法是将欲保存的菌种储藏在-193~-130℃的液氮罐内，操作简单，保藏时间长，由于超低温能使代谢水平降到最低，因此菌种基本上不发生变异。常见用于菌种保藏的小、中型液氮储藏罐见图88、图89。

图88　小型液氮储藏罐

图89　中型液氮储藏罐

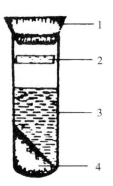

茶 新 站 种植能手谈经

诚告家行

利用液氮罐储藏茶薪菇菌种的要点：

☞ 将保藏用的琼脂培养基倒入无菌培养皿内制成平板，然后在平板中心接种茶薪菇菌丝体，在22℃下培育7~10天。

☞ 取直径为5毫米的打洞器在菌丝的近外围打取琼脂块，然后用无菌镊子将这些带有菌丝体的琼脂块移入保藏安瓿瓶中。

☞ 保藏安瓿瓶的口径约10毫米，内盛0.8毫升已经灭菌的冰冻保护剂。冰冻保护剂常用10%甘油或10%二甲亚砜蒸馏水溶液。

☞ 用扁火熔封安瓿瓶的瓶口。

☞ 以每分下降1℃的速度缓慢降温，直至-35℃左右，使瓶内的保护剂和菌丝块冻结，然后置液氮罐中保藏。

☞ 复苏培养液氮超低温保藏的菌种块时，应先将安瓿瓶置于35~40℃的温水中，使瓶内的冰块迅速溶解，然后再开启安瓿瓶，取悬浮的菌丝块移植于适宜的培养基上活化培养。

下篇 专家点评

茶薪菇 种植能手谈经

七、关于栽培原料的选择与利用问题 ---------- ◆

科学合理选择栽培茶薪菇的原料是降低生产成本,获得生产利润最大化的有效手段。这里重点介绍质优、价廉的原料及利用。

可以用来栽培茶薪菇的原料很多,凡是富含木质素、纤维素、半纤维素的农副产品下脚料等均可用来栽培茶薪菇。不同原料、配方以及处理方式,影响着茶薪菇的产量和质量。

知识链接

下篇 专家点评

(一)原料选择原则

栽培原料的选择应本着就地取材、廉价易得、择优利用的原则进行。

1.营养丰富 茶薪菇是一种腐生菌,不能自己制造养分,所需营养几乎全部从培养料中获得。所以,培养料内所含的营养,应能够满足茶薪菇整个生育期内对营养的需求。

2.持水性好 因为茶薪菇的子实体生长阶段所需水分主要从培养料中获得,培养料含水量的高低、持水性能的好坏都直接影响产量的高低。合理搭配好培养料的物理结构,在不影响菌丝的情况下,适当加大培养料的含水量,是高产、稳产的基础。

3.疏松透气 茶薪菇分解木质素、纤维素的能力弱,培养料要质地疏松、柔软、富有弹性,能含蓄较多的水分并有一定的透气性。

4.干燥洁净 要求所用原料无病虫侵害、无霉变、无刺激性气味和杂质。无工业"三废"残留及农药残毒等有毒有害成分。

(二)主要原、辅材料的类型及特点

1.主要原料

(1)棉子壳 棉子壳为脱绒棉子的种皮,是粮油加工厂的下脚料。质地松散,吸水性强。据分析,棉子壳含有固有水 10%左右、多缩戊糖 22%~25%、粗蛋白质 6.85%、粗脂肪 3.2%、粗纤维 68.6%、木质素 29%~32%、粗灰分 2.46%、磷 0.13%、碳 66%、氮 2.03%,是一种茶薪菇栽培使用最广的理想原料。棉子壳质量要求如下:一是新鲜,无结团,无霉烂变质,质地干燥;二是含棉子仁粉粒多,色泽略黄带粉灰,子壳蓬松;三是附着纤维适中,手感柔软;四是液汁较浓,吸水湿透后,手握紧料,挤出乳状汁是紫茄子色为优质。若没有乳状汁,则品质稍差。选料要按季节,夏季气温高,培养料水分蒸发快,宜用含子仁壳多、纤维少的为适,避免袋温超高。

由于棉花生产中使用农药较多,且棉子壳中又含有棉酚,用棉子壳作为栽培基质生产的茶薪菇,其子实体食用的安全性,一向为人们所关心。据有关单位试验结果表明,经过灭菌后棉子壳中含棉酚 53 毫克/千克,用棉子壳栽培的茶薪菇子实体中棉酚含量为 49 毫克/千克,认定其为无公害。

茶薪菇 种植能手谈经

诚 告 家 行

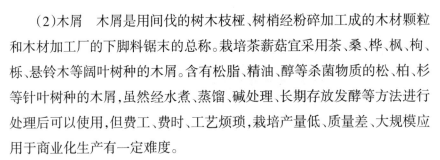

近年来,发现不法经营者,采用泥土、石灰渣粉或糖化饲料掺入棉子壳中,造成接种后茶薪菇菌丝不吃料,致使栽培失败。因此,在购买棉子壳前必须进行检测,凡有掺杂使假的,绝对不能取用,以免造成损失。

(2)木屑　木屑是用间伐的树木枝桠、树梢经粉碎加工成的木材颗粒和木材加工厂的下脚料锯末的总称。栽培茶薪菇宜采用茶、桑、桦、枫、枸、栎、悬铃木等阔叶树种的木屑。含有松脂、精油、醇等杀菌物质的松、柏、杉等针叶树种的木屑,虽然经水煮、蒸馏、碱处理、长期存放发酵等方法进行处理后可以使用,但费工、费时、工艺烦琐,栽培产量低、质量差、大规模应用于商业化生产有一定难度。

一般风干后的木屑含水量在 10%~15%,粗蛋白质在 1.5%左右,粗脂肪 1.1%,粗纤维 71.2%,碳水化合物 25.4%、灰分 0.8%,碳氮比(C/N)约为 492:1。从木屑的营养成分看,比棉子壳差得多。因此,以木屑为主料配制培养料时,需要添加含氮量偏高的麸皮、米糠、玉米粉或豆饼作辅料。一般麸皮、米糠、玉米粉用量为 25%左右,豆饼为 5%左右。木屑中含糖量也很低,为满足茶薪菇菌丝生长阶段所需要的糖分,在培养中需添加蔗糖1%。

(3)玉米芯 脱去玉米粒的玉米穗轴,称作玉米芯。玉米芯资源丰富,是全国广大玉米产区栽培茶薪菇的较好原料。据分析,干玉米芯含水分8.7%,有机质91.3%,其中粗蛋白质2%、粗脂肪0.7%、粗纤维28.2%、可溶性碳水化合物58.4%、粗灰分2%、钙0.1%、磷0.08%。玉米芯加其他辅料,补充氮源,可作为茶薪菇新的原料。要求晒干,将其加工成绿豆大小的颗粒,不要粉碎成粉状,否则会影响培养料通气,造成发菌不良。近年来,东北各省对玉米芯采取破碎机加工成颗粒状后,用压榨机压成块状,整块装入编织袋,便于运输。

玉米芯应选用当年产的新鲜、干燥、无霉变者为原料。因玉米芯含可溶性糖分较多,极易引起发霉变质,故应使其充分干透后,存放在通风干燥处,防止雨淋和受潮。发热、受潮、霉变的玉米芯不宜用作培养料。玉米芯在使用前应先在太阳下曝晒2~3天,然后粉碎成玉米粒大小的颗粒,经提前预湿或堆积发酵后再配料。玉米芯含氮量较低,在配制培养料时应增加麦麸、米糠、玉米粉等含氮量偏高物质的用量。

(4)甘蔗渣 甘蔗渣是甘蔗制糖后的下脚料。据分析,甘蔗渣含粗纤维48%,粗蛋白质1.4%,粗灰分2.04%。可代替木屑用于茶薪菇栽培,但必须选用色白、新鲜、无发酵酸味、无霉变者为原料。一般取刚榨过糖的新渣及时晒干,储存于干燥处备用。没有干透、久置堆放结块、发黑变质、有霉味的不宜使用。用于培养料的甘蔗渣使用前需经粉碎处理,否则易刺破塑料袋。单用甘蔗渣为培养料栽培茶薪菇,效果不太理想,如与棉子壳、废棉渣等原料按比例混合使用,则效果较好。

(5)葵花子壳 葵花又名向日葵,为高秆油料作物。其茎秆高大,木质素、纤维素含量极高。葵花盘、葵花子均可利用。据分析,葵花子壳含粗蛋白质5.29%、粗脂肪2.96%、粗纤维49.8%、可溶性碳水化合物29.14%、粗灰分1.9%、钙1.17%、磷0.07%,营养十分丰富。

(6)废棉渣 废棉渣是纺织厂、卫材厂、棉花加工厂的下脚料。其中混有较多的团状废棉和一些碎棉子。该原料含纤维素38%,因其中混有一定量的碎棉子,其粗蛋白质含量达8%,营养较丰富。栽培茶薪菇时,和其

他颗粒原料合理搭配后,也是一种较为理想的栽培材料。单独使用时,应将废棉团拣出。调整好含水量是应用成败的关键。

(7)农作物秸秆 茶薪菇产业要发展,原料使用上必须改变观念,开拓创新,充分开发利用各种农作物秸秆。我国每年有农作物秸秆7亿多吨,大大超过种植业产品的总产量。而且分布广泛,从资源角度看,这些数量巨大的可再生能源,开发利用起来就可从根本上解决茶新菇生产可持续发展的原料问题,而且又可提高农业生产的综合效益,属于循环经济。秸秆类比较蓬松,可仿照玉米芯破碎压块方法,使其缩小体积,便于贮藏运输。

1)高粱秆 高粱秆含粗蛋白质3.2%、粗脂肪0.5%、粗纤维33%、可溶性碳水化合物48.5%、粗灰分4.6%、钙1.3%、磷0.23%,是营养成分丰富的原料。

2)大豆秸 含粗蛋白质13.8%、粗脂肪2.4%、粗纤维28.7%、可溶性碳水化合物34%、粗灰分7.6%、钙0.92%、磷0.21%,是一种营养成分丰富的茶薪菇栽培原料。

3)棉花秆 北方又叫棉柴。纤维素含量达41.4%,其粗蛋白质含量4.9%、粗脂肪0.7%、可溶性碳水化合物33.6%、粗灰分3.8%,还有钙、磷成分,是栽培茶薪菇的好原料。现有开发利用较少,均作燃料燃烧。

4)野草类 野生草本植物都含有菇类的营养成分,可以用来栽培茶薪菇。常用的类芦、斑茅、芦苇、象草等,都是栽培茶薪菇可利用的好原料。

2.辅助原料的选择 辅助原料又称辅料。所谓辅料就是根据主料所含营养的不足,针对茶薪菇在生长发育过程中所需的各种营养成分,适当补充高营养物质,达到营养均衡,结构合理。辅助材料的加入,不仅可增加营养,而且可以改善培养料的理化性状,从而促进茶薪菇菌丝健壮生长,子实体高产、优质。常用的辅助原料有两大类:一是天然有机物质,如麦麸、米糠、玉米粉、饼粕粉等;二是化学物质,如尿素、蔗糖、硫酸钙、碳酸钙、氧化钙、磷酸二氢钾、硫酸镁等。

(1)麦麸 麦麸是小麦子粒加工面粉后的副产品,其含水分12.1%、粗蛋白质13.5%、粗脂肪3.8%、粗纤维10.4%、碳水化合物55.4%、灰分4.8%,麦麸中维生素含量丰富,尤其是维生素B_1的含量较高。麦麸蛋白质中含有 16 种氨基酸,其营养十分丰富,质地疏松,是最常用的辅助材料,通常的添加量为 10%~20%。添加过多易引起菌丝徒长。

（2）玉米粉　玉米粉是玉米的子粒加工粉碎后的产物,其营养因不同品种、不同产地而有差异。一般玉米粉中含水 12.2%、有机质 87.8%、粗蛋白质 9.6%、粗脂肪 5.6%、粗纤维 3.9%、碳水化合物 69.6%、粗灰分 1%。玉米粉中维生素 B_2 的含量较高,生产中通常添加量为 5%~10%。可增加碳素营养,增强菌丝活力,提高产量。

（3）米糠　细米糠是茶薪菇栽培最好的氮源。新鲜的细米糠中含有 12.5% 粗蛋白和 8% 粗脂肪,57.7% 无氮浸出物。米糠内还有大量的生长因子,如维生素 B_1 及维生素 B_3 等。但维生素 B_1 不耐热,120℃以上就迅速分解,在灭菌过程中要引起注意。米糠要用细米糠,而三七糠、统糠营养含量差,不适合做培养基的氮源。米糠要用新鲜的,其新鲜度和茶薪菇的菌丝生长,子实体产量、质量存在着密切的关系。

（4）棉仁粕、茶子粕、花生粕　这三种饼粕的粗蛋白含量均在 35% 以上,其中花生饼粕的粗蛋白的含量达 47.1%,可代替部分细米糠或麦麸使用,但一般用量不要超过培养料干重的 10%。

（5）硫酸钙　又称生石膏,含钙 23.28%,含硫 18.62%。水溶液呈中性,生石膏加热至 128℃部分脱水成熟石膏。熟石膏在 20℃时 1 000 毫升水中溶解 3 克,pH 为 7。用石膏作为钙素的添加剂,可调节培养料的 pH。

（6）碳酸钙　天然的有石灰石、方解石、大理石等,极难溶于水,白色晶体或粉末,纯品含钙 40.05%,水溶液呈微碱性,用石灰石等矿石直接粉碎加工的产品称为重质碳酸钙。用化学法生产的产品称为轻质碳酸钙,其品质纯、颗粒细,在生产中常用轻质碳酸钙作为培养料的缓冲剂和钙素养分的添加剂,通常添加量为 0.5%~2%。

（7）尿素　尿素是一种有机氮素化学肥料,为白色结晶颗粒或粉末,易溶于水,100 千克水中可溶解 17 千克尿素,水溶液呈中性。在生产中通常使用 0.1%~0.4% 的添加量作为培养料中氮源的补充,在使用时用量一般不要超过 0.5%,否则尿素分解放出的氨会抑制菌丝的生长。另外,氮素浓度过高也会推迟出菇。

（8）磷酸二氢钾　是一种含有磷和钾的化学肥料,含磷 30.2%~

51.5%，含钾 34%~40%。在 25℃时，1 000 毫升水中可溶解 330 克。该品为无色结晶或白色颗粒状粉末，水溶液 pH 为 4.4~4.8，含杂质较多的工业品或农用品的颜色略带杂色。培养料的添加量一般为 0.05%~0.1%。

（9）硫酸镁　为无色结晶或白色颗粒状粉末，补充镁元素，利于细胞生长发育，有防止菌丝衰老的作用。

（10）糖　红糖、白糖均可。培养料中加入 1% 的糖有促进菌丝生长和提高出菇率的作用。

（11）石灰　有生石灰和熟石灰之分，生石灰又称煅石灰，主要成分是氧化钙。生石灰呈白色块状，遇水则化合生成氢氧化钙，并产生大量的热，具有杀菌作用。熟石灰又名消石灰，化学名称为氢氧化钙，熟石灰为白色粉末，具有强碱性，对皮肤有腐蚀作用，吸湿性强，能吸收空气中的二氧化碳变成碳酸钙。氢氧化钙的水溶液称为石灰水，具有一定的杀菌作用，其杀菌机理是氢氧化钙中的氢氧根离子能水解蛋白质和核酸，使微生物的酶系统和结构受到损害，并能分解菌体中的糖类。通常在生产中使用生石灰，在使用时加水使其变成熟石灰，一般 1%~3% 石灰水即可起到较好的杀菌作用，在生产中最好采用块状的生石灰，其杀菌效果好。

3.栽培茶薪菇常用的主要原料和辅助原料　营养成分含量见表4、表5。

表4　茶薪菇常用主料和辅料营养成分（%）

原料名称	水分	粗蛋白质	粗脂肪	粗纤维（含木质素）	无氮浸出物（可溶性碳水化合物）	钙	磷	粗灰分
棉子壳	11.9	17.6	8.8	26	29.6	0.53	0.66	6.1
杂木屑	23.2	0.4	4.5	42.7	28.6	/	/	0.6
玉米芯	13.4	1.1	0.6	31.8	51.8	0.4	0.25	1.3
甘蔗渣	18.4	2.5	11.6	48.1	18.7	0.05	0.15	0.7
稻草	13.5	4.1	1.3	28.9	36.9	0.31	0.1	15.3
废棉	12.5	7.9	1.6	38.5	30.9	0.22	0.45	8.6
小麦秸	13.5	2.7	1.1	37	35.9	0.26	0.11	9.8
黄豆秆	11.8	13.8	2.4	29.3	35.1	0.92	0.21	7.6
干酒糟	16.7	27.4	2.3	9.2	40	0.38	0.52	4.4
干醋糟	16.6	26	3.1	8.9	41.1	0.33	0.55	4.3

原料名称	水分	粗蛋白质	粗脂肪	粗纤维（含木质素）	无氮浸出物（可溶性碳水化合物）	钙	磷	粗灰分
稻壳	6.8	2	0.6	45.2	28.5	0.08	0.074	16.9
谷糠	14.7	3.8	1.7	36.2	30.8	0.32	0.16	12.8
干木糖渣	16.8	2.9	2.4	28.5	48.3	0.4	0.23	1.1
花生壳	10.1	7.7	5.9	59.8	10.4	0.25	0.22	6.1
甘薯渣	9.8	4.3	0.7	2.2	80.7	0.078	0.086	2.3
麦麸	12.1	13.5	3.8	10.4	55.4	0.066	0.84	4.8
细米糠	9	9.4	15	11	46	0.105	1.92	9.6
黄豆	12.4	36.6	14	3.9	28.9	0.18	0.4	4.2
玉米	12.2	9.6	5.6	1.5	69.7	0.049	0.29	1
棉子饼	9.5	31.3	10.6	12.3	30	0.31	0.97	6.3
棉仁粕	10.8	32.6	0.6	13.6	36.9	0.35	1.1	5.6
黄豆饼	13.5	4.2	7.9	6.4	25	0.49	0.78	5.2
菜子粕	10	33.1	10.2	11.1	27.9	0.26	0.58	7.7
芝麻饼	7.8	39.4	5.1	10	28.6	0.722	1.07	9.1

注:粗灰分包括钙、镁、磷、铁、钾等多种矿物质元素。

表5　茶薪菇常用化学辅料主要成分、用法与用量

产品名称	用法与用量
尿素(含氮 46%)	补充氮源营养,均匀拌入培养料中,用量 0.1%~0.3%
硫酸铵(含氮 21%,硫 24%)	补充氮源营养,均匀拌入培养料中,用量 0.1%~0.2%
硝酸铵(含氮 35%)	补充氮源营养,均匀拌入培养料中,用量 0.1%~0.2%
碳酸铵(含氮 12.27%)	补充氮源营养,均匀拌入培养料中,用量 0.2%~0.4%
碳酸氢铵(含氮 17.5%)	补充氮源营养,均匀拌入培养料中,用量 0.2%~0.5%
石灰氮(含氮 35%,钙 50%)	补充氮源和钙素营养,均匀拌入培养中,用量 0.2%~0.5%
磷酸二铵(含氮 18%,磷 46%)	补充氮、磷元素,均匀拌入培养料中,用量 5%~10%
磷酸二氢钾(含磷 30.2%~51.5%,钾 34%~40%)	补充磷、钾元素,缓冲、稳定 pH,均匀拌入培养料中,用量 0.05%~0.3%
磷酸氢二钾(含磷 30%~30.5%,钾 32%~40%)	补充磷、钾元素,缓冲、稳定 pH,均匀拌入培养料中,用量 0.05%~0.3%

下篇　专家点评

产品名称	用法与用量
硫酸镁(含硫 12.95%,镁 9.81%)	补充硫、镁元素,缓冲、稳定 pH,均匀拌入培养料中,用量 0.05%~0.15%
石膏(含硫 18.62%,钙 23.28%)	补充硫、钙元素,缓冲、稳定 pH,均匀拌入培养料中,用量 1%~2%
石灰粉(含氧化钙 90%~96%)	补充钙元素,调节 pH,均匀拌入培养料中,用量 1%~3%
碳酸钙(含钙 40.05%)	补充钙元素,缓冲、稳定 pH,均匀拌入培养料中,用量 0.5%~1%
过磷酸钙(含磷酸 12%~20%)	主要补充磷元素,调节 pH,均匀拌入培养料中,用量 1%~2%
钙镁磷肥(含磷 12%~20%)	主要补充磷、钙、镁元素,均匀拌入培养料中,用量 0.5%~2%

(三)栽培原料的利用问题

前面已对茶薪菇的主要原料、辅助原料及其营养成分作了较为详细的介绍,各地可因地制宜进行选择。如何利用上述原料配制成适合茶薪菇生长发育的培养料,首先应确定主料及其理化性状和营养特点,再确定添加配料或辅料的种类及用量。培养料配方是否适宜,直接影响到茶薪菇产量的高低及品质的优劣。根据多年的生产实践,在众多的培养料配方中,以棉子壳加入适量茶子壳及麦麸的配方产量最高,质量最好。

1.棉子壳培养料配方

配方 1　棉子壳 72%,米糠 20%,菜子饼 5%,石灰 1%,蔗糖 1%,磷酸二氢钾 1%。

配方 2　茶子壳 40%,棉子壳 32%,麦麸 20%,玉米粉 5%,石灰粉 2%,过磷酸钙 1%。

配方 3　棉子壳 77.5%,麦麸 20%,石膏粉 1%,蔗糖 1%,过磷酸钙 0.5%。

配方 4　棉子壳 78%,麦麸 20%,石膏粉 1%,红糖 0.5%,生石灰粉 0.5%。

2.木屑培养料配方

配方 1　干杂木屑 33%,棉子壳 40%,麦麸 25%,白砂糖 1%,轻质碳酸钙 1%,含水量 55%~60%。

配方 2　干杂木屑 48%,棉子壳 25%,麦麸 22%,玉米粉 3%,白砂糖 1%,轻质碳酸钙 1%,含水量 55%~60%。

配方3 杂木屑62%,玉米粉15%,麦麸20%,石膏1%,石灰粉2%,料水比1:(1.1~1.2)。

3.玉米芯培养料配方

配方1 玉米芯42%,木屑34%,麦麸22%,石膏粉1%,生石灰粉0.5%,过磷酸钙0.5%。

配方2 玉米芯60%,棉子壳10%,木屑10%,麦麸12%,玉米粉6%,石膏粉1%,蔗糖0.5%,磷酸二氢钾0.4%,硫酸镁0.1%。

配方3 玉米芯44%,木屑36%,麦麸12%,玉米粉5.5%,石膏粉1%,蔗糖1%,磷酸二氢钾0.4%,硫酸镁0.1%。

4.废棉培养料配方

配方 废棉20%,棉子壳55%,玉米粉5%,麦麸15%,石膏1%,石灰粉1%,饼粉3%。

5.秸秆培养料配方

配方1 玉米芯36%,棉子壳20%,棉秆粉20%,麦麸18%,玉米粉4%,石膏粉1%,蔗糖1%。

配方2 玉米芯44%,豆秸30%,麦麸15%,玉米粉5%,饼粉4%,石膏粉1%,蔗糖1%。

6.野草培养料配方

配方 芦苇35%,芒萁30%,棉子壳12%,麦麸20%,蔗糖1.5%,石灰粉1%,硫酸镁0.5%。

八、关于茶薪菇栽培模式的选择利用问题

茶薪菇栽培区域的自然气候、设施条件、消费习惯和生产目的不同，其栽培模式、管理方法等亦有较大的差别。生产者应如何根据实际情况合理选择呢？

目前，茶薪菇栽培均为塑料袋栽培。塑料袋又分为折角袋一头出菇和筒袋两头出菇，二者均有优缺点。如折角袋栽培的菇体整齐、菌柄直、菌盖小等优点，同时也存在菇体含水量偏高、菌柄基部有粘连、产品货架期较短等缺点。总之，利用自然季节栽培茶薪菇不同模式存在的弊端很难通过管理克服，只有在环境因素可控条件下方能得到改善。

前面能手已对自然季节折角袋一头出菇栽培模式做了细致的介绍，这里仅对塑料袋墙式栽培、大袋两端出菇、防空洞反季节栽培、覆土栽培、工厂化塑料袋栽培和夏冬季配套周年生长等作以补充。

知识链接

（一）塑料袋墙式栽培技术

塑料袋墙式栽培，是把菌丝生理成熟的菌袋或出过两潮菇的菌袋，脱去部分塑料袋，然后像垒墙一样用泥巴把菌袋垒成墙，让子实体从墙的两侧长出，即称为墙式栽培。该模式的优点是可以充分利用菇房空间，增加菇房容量，易于管理，特别是后期补水补充营养比较方便，可明显提高茶薪菇的产量和质量。

1.菌袋制作　选用(15~17)厘米×(33~35)厘米的折角袋或(17~18)厘米×(45~50)厘米的筒袋。装料 20~30 厘米，一端或两端留出 8~10 厘米的袋膜，作为子实体生长之用。装袋要下松上紧，整平表面，中间用直径 2 厘米的木棒打一洞，深达料的 2/3，拔起时不要将料面松动，及时套上套环或扎紧袋口。在制作过程中严防料袋刺膜穿孔。

2.灭菌接种　装袋后要及时灭菌，避免久置发酵变酸。常压或高压灭菌。常压灭菌，4 小时内温度上升到 100℃，保持 12~14 小时。灭菌后将料袋趁热搬进杀菌消过毒的接种箱或接种室，用紫外灯照射 20~30 分，待料温降至 30℃以下时接种。接种前，接种工具、人手用 75%酒精擦拭。接种时，首先将菌种上层老化的部分扒掉 1 薄层，然后瓣成蚕豆大小接种，每瓶菌种（750 毫升）接 30~40 袋。

3.发菌管理　发菌在干净、通风、干燥、避光的培养室内进行。培养室使用前用福尔马林 80 毫升/米²+高锰酸钾 40 克/米² 进行熏蒸。期间密闭培养室，2 小时后开窗换气，再过 24 小时后将菌袋放入。发菌期间，控温在 25~28℃,保持空气相对湿度在 65%~70%,暗光环境下经常通风换气,每隔 7 天喷 1 次 80%敌敌畏乳油 500 倍液以防治病虫害。待菌丝过肩后松绳,通风换气,但不可过猛,培养室保持 1~2 个小通风口即可。外界风大时,不要让大风强烈灌入。外界温度低于 15℃时,仅在中午 12:00~14:00 通风换气 1~2 小时;外温高于 30℃时于早、晚通风换气 30 分。室内空气相对湿度超过 70%时,除加强通风换气外,可在室内放生石灰块除潮。发菌期间温度低于 10℃较长时间,而菌丝已吃料较多时,可用消过毒的大头针刺数十个孔以增氧刺激菌丝生长, 一般接种后 40~45 天菌丝可发满袋。

4.**出菇管理** 选发满菌丝,达到生理成熟的菌袋,用刀按菌袋长度的 1/3~1/2 割去(折角袋割去底部菌袋,筒袋割去中间),端部袋子留着以防泥沙流到菇体上。

选择土壤肥沃的菜园土、池塘土或沙壤土+石灰、磷肥各 2%+尿素 0.5%配制成泥土。喷 0.5%敌敌畏溶液、3%~5%福尔马林,覆膜闷 2 天备用。

把处理好的菌袋像垒墙一样两端朝外整齐排放在菇场上,留好人行道,袋与袋之间留 2~3 厘米的空隙,每排好一层覆上 2~4 厘米的泥,泥上撒上一层复合肥(按培养料干重的 0.5%)更好,这样一层袋一层土一层肥,共排放 6~8 层。最上的一层要覆土多一些,整成一个小水沟,通过对小水沟浇水,可经常保持营养土的湿润(图 90)。既保证了水分的供应,又减少了喷水的次数。菌墙垒好后,菇房控温在 25~28℃,空气相对湿度保持在 85%~90%,菌墙土壤保持湿润不发白。10 天左右即可现蕾。

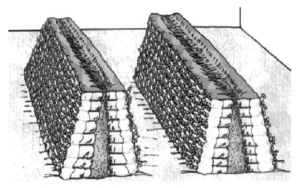

图 90 墙式出菇示意图

利用此法出菇,省工,出菇集中,品质好。折角袋可采用两个菌袋横向排列,即两垛靠在一起,每袋只从一端出菇的垛法,可以防止倒塌,适于短菌袋垛墙。

5.采收 菇蕾形成后,按常规管理,茶薪菇在菌盖转白呈半球形,直径2~3厘米,菌膜未破时及时采收。不脱袋采收时抓住菌柄基部旋转菌袋一次性将整丛大小菇一起拔下即可。

(二)大袋两端出菇栽培技术

茶薪菇大面积生产,常用15厘米×(30~33)厘米的栽培袋,单头开口长菇。江西省抚州市曾爱民、危贵茂(2006)研究采取(17~24)厘米×(40~50)厘米的大袋,两端长菇,并结合覆土方式进行栽培,省工、省料,出菇期长,产量高,取得了很好的经济效益。下面介绍其具体操作方法:

1.季节选择 大袋栽培法,菌袋接种宜选择在冬季或秋末冬初进行。在此期间人为创造菌丝生长发育所需的温度条件,使其安全过冬养菌。经冬季和早春养菌至菌丝长满全袋后,待春季气温回升适宜出菇时,即可进行催蕾出菇管理。这样出菇期长,基本上当季可出完菇。另外,冬季栽培杂菌污染率低,且此时农村处于冬闲,更有利于茶薪菇大袋栽培的规模化。

具体时间安排:长江以南地区,可在气温不是最低的11~12月进行,这样抢温接种,有利于菌丝萌发,及时占领料面,减少杂菌污染;长江以北地区,可提前到10~11月进行,防止气候寒冷,菌丝难以萌发。

2.装袋灭菌 因地制宜地选择培养料配方,按比例称取各原料,进行混合搅拌均匀,含水量以60%为适。装袋时先将塑料袋一端用线绳扎紧,再将配制好的培养料装入袋内,边装边压边振动,使料松紧度适宜。装满袋后将另一端也用线绳扎紧,每袋湿料3千克左右。装袋后及时灭菌,由于大袋装料多,高压灭菌相对比常规适当延长1~2小时,即采用147千帕、128℃,灭菌4~5小时;常压灭菌要求在5小时内升温至100℃,并保持

24 小时,这样才能达到彻底灭菌的目的。

3.冷却接种　当袋温冷却至28℃以下时,以无菌操作方式抢温接种。先将两端袋口打开,用消过毒的锥形木棒在料面上钻接种穴,穴口直径2厘米左右、穴深3~5厘米,两端各2~4个穴。接种时应尽量接满穴口,有利于菌丝尽快占领料面,减少杂菌污染。接种后两端再套颈圈封口。

4.保温养菌　将接种后的菌袋,搬入培养室进行排袋发菌,菌垛堆高6~8层,覆膜。菌袋培养15~20天后,接种口菌丝向四周蔓延,布满料面,此时进行翻堆检查。养菌期间若遇霜冷天气,培养室需加温,以促进菌丝正常生长。如若是野外栽培,要采取增温保温措施,可在白天将大棚遮阳物揭去,加强光照提高菇棚内温度;晚上在棚膜上加盖草苦保温。注意通风换气,防止二氧化碳积累过多,造成菌丝发育不良。冬季养菌由于气温低,培养时间长达3~4个月,营养积累丰富,出菇质量好,产量较高。

5.两端出菇　"惊蛰"前后,气温回升时,可将生理成熟的菌袋进行两头开口(或割膜)转色催蕾;同时注意通风、控温、保湿协调进行。在出菇阶段,水分以轻喷、勤喷雾化水,维持空气相对湿度在90%~95%。天气潮湿时减少喷水次数。转潮阶段,空气相对湿度要适当降低,停止喷水次数,让菌丝恢复生长。

6.后期管理　两头出菇的菌袋,长菇采收2~3潮后,袋内菌筒失水严重,可采取脱袋进行覆土栽培。覆土既可减少袋内水分散失,又便于灌水施肥,利于菌丝体缓慢吸收营养、水分,增强后劲,创造后期生殖生长良好的生态条件,促使后续菇良好生长。覆土方式有两种:一是菌墙式覆土,二是畦床式覆土。后者具体操作方法:将长过2~3潮菇后的菌袋脱去袋膜,取出菌筒,切成两段;切断面朝上,摆放两排于畦床上,菌筒间留间隙3~5厘米;然后用肥土填充间隙,表面覆盖1~2厘米厚的肥土;覆土后立即喷水,调整土粒水分,保持覆土层湿润;连续调水3天,采取轻喷勤灌,不可一次喷水太多,同时注意通风换气,促使菌丝扭结成原基;菇蕾形成后适度喷出菇水,保持空气相对湿度为90%~95%,使子实体正常生长。覆土出菇期可持续2~4个月,出菇时间可至7月小暑期间,再收3~4潮菇。

大袋装料,冬季保温发菌,菌袋成品率高,菌丝生长健壮。早春即可开始催菇管理,出菇2~3潮后,结合覆土栽培,出菇时间明显延长。由于出菇时间早,当季菌袋就可以出完菇,不需再经越夏。此种栽培模式经推广后,受到广大生产者的欢迎。

(三)防空洞反季节栽培管理技术

我国南北方各地有许多防空洞等人防设施,利用这些防空洞发展反季节栽培茶薪菇,不仅可以填补夏季货源紧缺,而且还可以充分利用防空洞冬暖夏凉的优势,降低成本,提高经济效益,是一项可开发的项目。

1.防空洞夏季环境 防空洞有多种条件,南方开山建洞,北方多设在距地面3~10米以下。洞内形状有单巷通道式和回廊式,其温度波幅较少受外界自然气温的影响。在北方防空洞内常年保持18~23℃,此温区较适合茶薪菇子实体生长发育。防空洞最好是南北走向,一巷道设两个出口,洞内壁及洞顶均为水泥磨光面,坚固防水,洞长100米、宽1.8~2米。由于洞内、外温差大,洞内比较潮湿,空气相对湿度为95%;而通风后地面热空气进入洞内,遇冷产生湿气,会使空气相对湿度增加,所以夏季防空洞内的环境,比较适合茶薪菇长菇。

2.生产季节安排 茶薪菇菌袋培养需要2个月,长菇期长达8~9个月,也就是一次接种,周年长菇。防空洞栽培季节安排,应发挥夏季环境条件的优势,多产菇,抢占市场缺货期,卖个好价钱。为此应以4月"清明"开始接种菌袋,6~9月进入长菇高峰期。

3.菌袋接种培养 防空洞栽培茶薪菇的培养料配方与制作按常规操作,栽培袋用15厘米×33厘米的折角袋,接种后的菌袋培养,应采取以下特殊措施:

(1)重点排湿防潮 防空洞内一般比较潮湿,养菌期间重点加强通风排湿,降低洞内空气相对湿度,必要时可在地面上撒生石灰吸湿。

(2)摆袋罩膜间隔 菌袋排放采取单向,再用薄膜围罩,使菌袋与洞壁和走道隔离,人为创造干燥环境。

（3）加温发菌培养　茶薪菇菌丝在 18~23℃下生长比较旺盛，但长速较慢，而 25℃最适。因此，接种后的菌袋在防空洞内培养时，要采取洞内加温或菌袋罩膜使温度达 25℃，让菌丝正常发育，培养 50~60 天菌丝生理成熟。这样，产菇期才能赶得上夏季。如果仅靠洞内自然温度培养，生理成熟的时间要推迟 10~15 天，就会影响茶薪菇上市的时间。

（4）控光通风换气　菌袋培养期间不宜日夜开灯，而在翻袋检查时需要开灯，作业完毕应及时关灯，黑暗环境菌丝照常生长。但强调每天要通风换气，使洞内外空气交流，通风时揭膜，使菌袋接触新鲜空气。

4.出菇管理措施　菌袋生理成熟后，进入子实体生长期，防空洞内的温度，凭借自然不需调控，但要掌握好以下特殊技术措施：

（1）清场叠袋　防空洞作为出菇的场所，首先需要打扫干净，并用石灰消毒。菌袋摆放采取两旁叠墙，中间留作业道，叠成高 7~8 层袋，袋口向外。

（2）开口增氧　将袋口扎绳解散，如是棉塞套环的，应去掉，然后松动袋口，造成袋膜小量通风。待原基形成后，把袋口开大，以利于长菇。

（3）控湿通风　解口后向空间喷雾，让雾状水落于袋面，使雾气透进袋口内。当原基形成后袋口开大，随着洞内的通风，自然湿度也开始增大，不必喷水，以防过湿烂菇。空气相对湿度掌握在 90%左右，超标时应采取通风降湿，每天通风 2~3 次，每次 2 小时，最好早晚进行。形成干湿刺激、温差刺激，促进原基发生。

（4）适度光照　在洞的顶端每隔 10 米左右，安装一盏 15 瓦的白炽灯，子实体生长阶段可以整天开灯照射，光照度 500~800 勒均可。

（四）茶薪菇覆土栽培

茶薪菇栽培，一般采用直立式或墙式出菇管理。由于出菇时间长，菌袋出菇期袋口长时间开放，造成培养料严重失水，菌丝分解基质的能力减弱。因而采取传统的出菇管理方式，一般产量集中在头 2 潮菇，后期菌袋出菇率降低，产品质量也较差，使总生物转效率一般在 40%~60%。由于出 1~2 潮菇后菌袋转色变成红棕色，菌块变得坚硬，注水的效果不好，而浸水则又操作过于烦琐，多数菇农不愿意进行。茶薪菇子实体在 10~30℃都可以发生和生长，而且菌丝抗杂能力很强，耐低温和高温的能力也很强，因而可通过覆土出菇的方法保持菌袋后期的含水量，延长产菇期，达到提高产量、增大效益的目的。经过科学的覆土出菇管理，一般可增产 20%~30%，使栽培的生物转效率提高到 80%以上。

按常规管理，制袋、灭菌、接种、发菌、催菇、拉袋、出第一潮菇。可选用以下任一种方式覆土。

1.室外荫棚覆土栽培　将出过一潮或两潮菇的菌袋脱去塑料膜,将脱袋后的菌袋直立排放于畦面上。菇畦预先整好,畦宽100~120厘米,两边筑畦埂,畦床间留50厘米宽的人行通道,并在四周开好排水沟,畦面喷洒福尔马林及杀虫药剂。排场后在菌袋表面覆盖一层厚1.5厘米的小块状农田土。覆土材料要先行曝晒2~3天,或每立方米土用1升福尔马林稀释后均匀喷洒,同时喷洒0.05%~0.1%敌敌畏。然后将土堆盖膜密封24~36小时。如果覆土材料很干净,也可以不经过消毒杀虫处理。堆闷后的土使用前应摊开,使覆土材料中的药剂挥发干净,以免对茶薪菇菌丝产生药害作用。覆土后畦面用水灌溉一次,水下渗后用剩土将露出的菌筒部分盖住,畦面搭设荫棚遮阴,也可用南瓜架、林木等自然遮阴(三分阳七分阴),见图91。平时注意当覆土表面变白时,畦面喷洒雾状水保湿。一般覆土10天后陆续出菇。子实体长出后,喷水提高棚内湿度,使空气相对湿度达到85%~95%,并加强通风换气,防止棚内二氧化碳浓度过高,影响子实体正常生长发育。采收一潮菇后,向畦床内适当灌水,补充菌床内的水分,然后停止喷水,待下一潮菇蕾长出后再进行出菇管理。此法出菇可历时2个多月,菇期不集中,子实体多单生,菇形好,个体较大,一般单朵重20~30克。每袋可增产鲜菇50~80克,管理粗放、简单。

图91　室外荫棚覆土栽培

2.室外遮阳网拱棚覆土栽培　预先整好菇畦,处理覆土材料。将出过1~2潮菇的菌袋脱去塑料薄膜,菌筒竖直排列于畦面上,用颗粒状覆土材料填满菌筒间隙,菌筒上面覆土厚约1.5厘米,覆土后灌水一次,水下渗后用剩土将露出的菌筒部分盖住,平时管理上注意往干燥发白的覆土上

下篇　专家点评

喷洒雾状水保持覆土材料潮湿。一般覆土后 10~20 天出菇,子实体丛生,每袋可增产鲜菇 50 克以上。此法注意覆土后畦面用遮阳网搭设小拱棚遮阳,连续下雨可往小拱棚上加盖塑料薄膜,雨停后撤去塑料薄膜,当子实体长到 3~5 厘米长时,可覆盖塑料薄膜,停止揭膜通风(注意棚内温度不要越过 30℃,否则必须通风)。促进菌柄生长,抑制菌盖展开,得到盖小柄长的商品菇。

(五)茶薪菇工厂化塑料袋栽培

近年来,由于自然季节生产茶薪菇的成本不断增加,受其他食用菌工厂化栽培的影响,人们也在不断探索茶薪菇的工厂化栽培。河南、安徽、湖北、福建、河北、上海等地,都在积极尝试。工厂化栽培的程序如下:

1.栽培场所设计要求及布局 茶薪菇栽培场地应选择在地势高、通风良好、排水畅通、用电方便、交通便利的地方,并且要远离污染源,至少 5 000 米内无大型禽畜舍、无垃圾(粪便)场,无污水和其他污染源(如大量扬尘的水泥场、砖瓦场、石灰厂、木材加工厂等)。

栽培场根据生产工艺,设置有生活区、原材料存放区、拌料区、装包区、灭菌区、冷却区、接种区、培养区、出菇区。各个区域要按照栽培工艺流程合理安排布局,做到生产时既要井然有序,又要省时省工。

2. 温控菇房构造及制冷设备配置 温控菇房地面为水泥硬化地面,四周及房顶全部采用 10 厘米厚的夹芯彩钢板。每间温控菇房面积以 80 米² 左右为宜,过大生长条件难以控制,过小利用率降低,单位成本过高。每间配置 1 台制冷机。温控菇房构造及制冷设备配置见图 92。

图 92 温控菇房构造及制冷设备配置

3.温控菇房内栽培架的设计　栽培方式使用床架栽培,床架不能过高,4~5层为宜,第一层离地20厘米,层间距60厘米,顶层距房顶隔热泡沫板100厘米。在顶层与天花板之间用无滴膜隔开,避免制冷机冷气直接吹到菌袋。床架的宽度以1米宽为宜,每层床架的背面要安装LED灯带,灯带的多少要根据床架的宽度来确定,一般0.5米宽度就需安装一条灯带。

4.加湿设施配置　每间配加雾器1台,要求雾化程度高,空间雾化均匀。每间还要配一台人工喷雾器,菇房内湿度太低时可使用人工加湿。

5.通气设施配置　每间温控菇房设进气风扇2台,另一侧设排气风扇2台。风扇要正对过道,进气扇在菇房的上部离屋顶50厘米,排气风扇在菇房的下部离地面20厘米。要求风扇规格250毫米×250毫米。

6.栽培管理技术　工艺流程如下:备料→拌料→装袋→灭菌→冷却→接种→菌丝培养→出菇管理→采收。

(1)配方　以棉子壳40%、杂木屑33%、麦麸25%、白砂糖1%、轻质碳酸钙1%为例。

(2)备料　按培养料配方比例准备好各种原、辅材料。原料要求:采用阔叶树的木屑,棉子壳不结块,麦麸要求新鲜,碳酸钙采用轻质碳酸钙,所用的水质含铁量不宜过高。

图93　拌料设备

(3)拌料　拌料使用自出式拌料机(图93)。拌料前要先将棉子壳和杂木屑用水浸泡4小时以上,可将碳酸钙加入到水中一起浸泡;棉子壳和杂木屑充分浸泡后,将水放掉,等到不再有水从棉子壳和杂木屑中流出后,捞出倒进拌料机中,然后再加入其他营养料,所有营养料加入的多少

要根据配方和拌料机的大小来计算。要求搅拌 30 分以上，搅拌后的培养料要均匀，干湿度要一致，无块状物，培养料含水量控制在 62%~65%，pH7.5~8。

（4）装袋　采用 18 厘米×35厘米×0.005 厘米聚丙烯塑料栽培袋，用冲压式装袋机流水作业，每袋装料高 17 厘米左右，每袋湿料重 1 100~1 200 克。培养料装好后，拉紧袋口，套上套环，中间打穴，最后盖上盖子，盖子要求提起后不掉为准。

（5）灭菌　采用蒸汽高压灭菌。将装好的菌袋放置于周转筐内，搬上灭菌架，送到灭菌柜中，关紧柜门开始灭菌。灭菌首先要排净灭菌柜内的冷空气，然后在 128℃的环境下保持 3 小时。

（6）冷却　灭菌完成后，缓慢放掉灭菌柜内的蒸汽，待压力表的压力降到 0 以后，打开柜门，将菌包移到预先消毒好的冷却室中先自然冷却，待菌包中心温度降到 50℃以下时，打开制冷机，开始强制冷却，直到菌包中心温度降到 25℃以下。

（7）接种　当培养袋中心温度降到 25℃以下后，就可以开始接种(图 94)。接种应严格按照无菌操作规程进行。

（8）菌丝培养　培养室排袋前应预先清洗消毒。菌袋接好种后要整齐地排放在床架上，袋与袋之间要留有 1 厘米左右宽的间隙。培养过程中，培养室要保持黑暗，温度控制在 25℃左右，

图94　接种（液体）

空气相对湿度在 65%以下，每天通风 2~3 次，保持室内空气清新。接种后一星期应检查栽培袋，观察菌丝生长情况，发现污染袋，应及时将其清理出培养室。此后，每半个月检查 1 次。菌丝长满后，要继续再培养 10~15 天，使菌龄达到 50~60 天。

（9）出菇管理　茶薪菇工厂化栽培采用层架式出菇方式，管理过程如下：

1)进袋　菌袋在培养室培养好后,要将其运到出菇房的床架上。在搬运和排放的过程中,一定要轻拿轻放,不能让其破损;排放时,行与行之间留两指宽左右的间隙。

2)开袋　拿掉盖和套环,拉开袋口,并将袋口折底,袋口距料留2厘米左右的距离,然后盖上无纺布。6~8天后,当发现菌袋表面有密密麻麻的菇蕾分化出来后,就可拿掉无纺布。

3)温度管理　温度可控制在18~23℃。

4)湿度管理　菌袋刚进菇房,待开袋盖上无纺布之后,要浇一次重水,使无纺布完全湿透。之后,打开加雾器,保持菇房内的空气相对湿度在80%~90%。在夏天,制冷机运转频繁,菇房内湿度降低快,菌袋和地面上也要喷少量的水,以保证菇的正常生长。

5)通风管理　菇房内每天通风2次,早、晚各一次,每次8~15分。每次通风时间根据菇房内菇的多少决定,菇多就多通,菇少就少通。需要注意的是:每次通风的同时,制冷机都必须在工作。主要是为了通风均匀,并防止菇房内温度变化太大。

6)光照管理　菌袋进菇房后,前3天保持黑暗,不用光照;从第四天开始,开启床架上的LED灯带,保证每3小时光照5分。当菇长到2厘米左右高时,要连续开启LED灯带4小时,可以使整袋菇都能垂直向上生长,使菇形美观。此后,则保持黑暗,直到采收。

7)拉袋　当子实体长到3厘米左右时,要把袋口拉直,上端要余出8~10厘米,减少通风,增加二氧化碳的浓度到0.1%左右,培养柄长盖小的优质商品菇。

(10)采收　当茶薪菇子实体约八分熟时,即应及时采收,采收的基本标准是:菌盖直径1~2厘米,柄长8~10厘米,最长15~20厘米。按市场需求具体调整。采收时手握紧菌柄拔起,注意不要用力过大,然后剪掉菌柄基部的杂质,拣出伤、残、病菇后,及时冷藏或包装销售。

由于茶薪菇出菇期长,出菇不集中,潮次不明显,使得人工控制环境条件的工厂化生产,成本巨大,经济效益很不乐观。工厂化栽培是食用菌发展的大势所趋,随着食用菌科技水平的不断提高,新品种不断涌现,相信适应工厂化栽培的茶薪菇新品种,很快就会出现。

(六)夏冬季配套周年生长

在自然条件下,茶薪菇产季一般是春季3~6月和秋季9~11月这两季栽培出菇。这两个时段自然的温度、湿度较适宜,管理容易。冬季气温低,长菇量少,甚至不长菇;而菌袋越冬消耗养分、水分,需到翌年春季,气温回升时才能出菇;夏季气温高,不适长菇,菌袋越夏消耗养分和水分,到秋季气候凉爽时才长菇。这样,越夏、越冬时间长,菌袋营养损耗大,同时又浪费生产设施和资源。而夏、冬季茶薪菇货源紧缺,市场销路畅通,价格好。特别是鲜品,成为抢手货,价格高,经济效益成倍增加。因此,在冬季和夏季选择气候适应的区域,创造与茶薪菇子实体自然生长相类似的环境条件,进行反季节栽培出菇,形成春夏秋冬周年生产的格局,是提高茶薪菇生产经济效益的一项有效措施。

1.夏季栽培技术

(1)产地条件　夏季气温高,茶薪菇子实体生长处于休眠状态,为此夏季栽培管理上称为反季节生产。夏季产菇的区域条件,在南方各地应选择海拔800米以上的山区,在北方各地以6~8月平均气温不超过30℃的地区适合生产。要在夏季出菇,其菌袋生产一般安排在3~4月,养菌2个月后进入夏季长菇。

实施夏季长菇的栽培场地,应选择依山傍水、通风良好、水源充足、太阳照射时间短、无光照的林荫地,搭建塑料荫棚,或利用人防地道。野外荫棚要加厚遮盖物,棚旁种瓜豆蔓藤作物,以利于隔热;并开好棚旁围沟,引入流动水,棚顶安装微喷,创造阴凉环境。

(2)菌株选择　选择抗逆力强、中高温型的优良菌株,如丰茶1号、闽茶1号、赣茶2号等,菌丝生长适温广,子实体原基在25~30℃条件下也能分化生长。除选择优质菌种外,还需适当加大接种量,特别是料面要尽量多放菌种,使菌丝尽快生长,占领料层表面,减少杂菌侵染机会。

(3)培养料配制　棉子壳应选择子壳多、纤维少、疏松柔软的;木屑应适当增加粗木屑的含量,以提高培养料的透气性。培养料的含水量宜小不宜大,最好控制在55%左右。适当减少麦麸、玉米粉、饼肥及糖的用量。培养料装袋要松一些,不宜太紧。因菌丝生长时,会增高袋温,袋料疏松一些有利于散发热量。装袋后要立即灭菌,防止在天热条件下放置时间长,培养料容易酸败。接种时间应安排在午夜气温较低,杂菌活动较弱的时间进行,防止接种操作过程中受杂菌污染。

(4)发菌培养　春接种夏长菇,气温由低到高,发菌期管理的重点和难点,是防止温度过高,造成菌丝生长不良。室内发菌堆码不宜太高,堆与堆之间不能太挤,菌袋要疏散排列,以防袋温上升过快,热量不易散发,引起烧菌。白天要关好门窗,外用遮阳网或草苫遮阴,防止室外热气进入室内。夜晚打开门窗,进行降温。气温超过30℃时,应开动电扇或排风扇强行降温。野外荫棚要加厚加密遮阳物或遮阳网,使之阴凉通风,清洁干燥,光线暗淡。如遇高温可在外界草帘上浇水降温,避免堆温、菌温过高。在菌袋发菌到 1/2~2/3 时,选择阴凉天气,分别刺 2~5 个微孔,使菌丝增氧复壮。

(5)出菇控温　南方高海拔山区或是北方夏季无高温地区,在夏季都会偶然有气温超过 35℃ 的时段,同时在菌丝催蕾时期,菌丝新陈代谢加强,放出大量的热,使室温、堆温升高。一般菌温、堆温比室温会高 5℃ 以上,极易造成高温烧菌,菌丝变弱,产量大减,因此,夏季长菇控温采取以下四项措施:

1)开袋催蕾观气象　夏季开袋催蕾必须关注中长期的气象预报,选择连续阴凉、下雨天气前开袋,并采用地面多层架直立排袋出菇。同时加强通风换气,野外荫棚加厚遮阴物,创造一个"九阴一阳"的阴凉环境。每天午后高温阶段向棚顶喷水。最好是菇棚安装喷灌系统,采用雾灌降温,在供水压力下,通过微喷头使喷出的水形成细雾,使其在空气中飘移时间增长,达到降温的目的。

2)利用地表温差　棚内喷雾后温度可降至 28℃,利用地表温差,自然可降至 26℃。喷雾后适当通风,有利于水分的汽化散热,平均降温可达 4~8℃,基本上可满足子实体生长对温、湿度的要求。

3)保持适宜水分　喷水要有节制,既要保持一定的水分,又不致终日过分潮湿。长菇后菌袋重量减轻时,应及时浸水。但补水不宜过量,否则造成的高湿、高温,会引起菌丝死亡、杂菌滋生、菌袋解体。

4)保持空气新鲜　夏季野外荫棚空气清新,氧气充足,只要棚内温度掌握在 26℃ 左右,子实体就会迅速生长。如果管理得当,照常可获得较好的收成。

2.冬季栽培技术　冬季天寒地冻,茶薪菇子实体生长困难,基本处于停产。但冬季又是元旦、圣诞、春节"三大节日"以及民间庆喜宴席旺季,茶薪菇消费量大,形成供求不平衡,菇价也高,是栽培效益好的黄金时段。因此,积极发展冬季生长茶薪菇成为一个亮点,具体技术措施如下:

(1)产地条件　冬季生产茶薪菇宜在低海拔、冬季无 0℃ 的平原地区。茶薪菇在气温低于 10℃ 时,原基分化子实体困难。因此,冬季栽培场地要选择背风向阳地方,室内菇房要暖和,保温性能要好。野外栽培利用保护设施的冬暖型塑料大棚、小拱棚等,充分利用阳光作能源,棚内温度会比室外高 5~10℃,基本上能满足长菇的温度要求。

(2)菌株选择　选择中低温型、耐寒性强、适应性好的菌株,耐低温,抗性强,产量高。

（3）菌袋制作　冬季栽培的菌袋,应安排在 9~10 月进行制袋接种。培养料应选择棉子壳富含纤维素、氮素较丰富的原料,适当增加细木屑的含量,辅料麦麸可比常规增加 3%,使养分充足,有利于菌丝生长,袋料含水量掌握在 60% 左右,装袋要紧实,在菌丝生长发育时,可以增高袋内温度。

培养料灭菌时常因气候寒冷温度难以上升,灭菌不彻底,导致菌袋成品率低。因此,冬季灭菌时间应适当延长。

（4）发菌培养　冬季菌袋采取密集码垛,用薄膜覆盖,门窗密封,保温发菌。菌袋接种后 15~20 天,接种口菌丝向四周蔓延,覆盖料面。此时应进行翻堆检查,将菌袋堆紧些,并用薄膜覆盖保温。养菌期间若气温低于 15℃时应加温,以促进菌丝生长。菌丝生长过程,吸收氧气、放出二氧化碳,并释放热量,使堆温、料温升高。一般堆温、料温比室温高 3~8℃。因此,冬季养菌,在菌丝封口后,应及时解带增氧,加快菌丝生长速度。当菌丝生长至菌袋 1/2 时,适当拉开袋口,以增强呼吸,加快新陈代谢。低温期加温时,应注意室内通风换气,防止二氧化碳聚集沉积,伤害菌丝。野外保护设施养菌时,白天可将菇棚遮阳物揭去,使棚膜吸收太阳热能,提高菇棚内温度;晚上则要在薄膜上加盖草苫保温。

（5）出菇管理　冬季长菇要求人为创造一种近似秋季自然条件的环境,利用保护设施或加温措施,增温保湿。将秋末制袋接种的、菌丝已长满料袋的菌袋,进行催蕾出菇管理。主要利用冬暖塑料大棚设施,不需加温,就会比室外高 8~12℃,且保温性能好,晴天中午开门通风换气。也可通过人工加温,控制在 16~23℃。在冬季菇房旁边开设火炕燃烧口,房内用砖砌或用铁皮制成烟道,通过火炕烧火,增加室温。同时采取塑料薄膜罩住菇房四周及顶部,以提高保温性能。此外,注意开设排气窗或通风口,及时排除废气。冬季升温培养时,水分容易蒸发,应经常在地面和四周喷水保湿,保持房棚内湿度不低于 80%,做到保温保湿和通风换气协调进行,促使寒冬照常长菇。

行家说药

九、关于茶薪菇贮藏与加工技术 ······················· ◆

任何一种鲜活产品,其产值都与货架期时间长短有关。如何延长茶薪菇的货架期,并增加其附加值,是本节探讨的重点。

新采收的茶薪菇,含有大量的水分(约90%左右)和多种酶,组织嫩脆,在采运过程中极易造成损伤;同时采后生命活动旺盛,易受微生物侵害,会出现老化、褐变、萎缩、软化、腐败、产生异味等现象,从而导致质地、颜色、形态、营养成分及气味的变化,失去食用价值和商品价值。因此,茶薪菇的贮藏与加工已成为继续发展茶薪菇生产的关键。

茶薪菇的贮藏与加工就是利用物理、化学或生物方法,抑制或破坏酶的活性,使子实体的各种代谢活动降至最低限度,以保持新鲜产品的品质,达到延长货架寿命的目的。

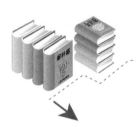

知识链接

（一）鲜菇的贮藏

1.贮藏原理　离开培养料的鲜菇,仍然是活的有机体,各种代谢活动强烈,呼吸旺盛,体内的营养物质大量消耗而导致衰老。菇体内氧化酶活性的加剧,是引起变色的主要原因。在正常的空气中,由于菇体含水量高,表面没有明显的保护结构,水分极易蒸发,生理上极易变质老化;同时菇体组织结构的特点又使它容易遭病虫侵染和机械伤害,引起腐烂变质。为此,茶薪菇贮藏保鲜,主要是通过降低环境温度,适当降低空气中氧的浓度或提高二氧化碳浓度,抑制呼吸作用,减少营养物质消耗,保持品质风味,提高环境湿度,防失水老化。采收前后应严防病原菌感染,做好贮运场所、器具等的消毒工作,亦可通过化学防腐剂处理,提高保鲜性能。

2.保鲜方法　茶薪菇的保鲜主要有冷藏、气调贮藏、辐射贮藏、减压贮藏和化学贮藏等方法。

（1）冷藏　温度是影响鲜菇呼吸作用的重要因素。在一定范围内,随着温度升高,酶的活性、呼吸作用及后熟老化作用等都加强;反之,鲜菇的各种代谢则减缓。因此,冷藏是茶薪菇保鲜的一项有效措施。

冷藏是在接近0℃时,采取冰藏或机械冷藏来贮藏茶薪菇的一种方式。要求贮藏期间低温稳定,不宜多变。贮温过高,代谢加强,衰老腐烂加重加快。贮温过低,产生冷害,因而适宜的低温是一个最基本的因素。茶薪菇的适宜冷藏温度是 0~6℃,空气相对湿度为 85%~90%。低温贮藏的效果与预冷和进入冷藏的时间有密切的关系。因此,采收后要尽快将其温度降低到规定的范围。如果延迟降温,鲜度品质一旦下降,就不可能再恢复。预冷后应尽快进入冷藏。把茶薪菇从采收、运输到贮藏形成一条冷链,这样方能达到预期的贮藏效果。常用的冷藏方法有三种:

1)低温保鲜 新鲜的茶薪菇采摘后,分好等级,用塑料保鲜袋包装,装箱后低温保存,或将采收的鲜菇在 4℃左右环境中预冷后装入泡沫保鲜箱内,在 0~4℃的低温条件下,可保鲜 15 天左右,品质基本不变。

2)真空低温保藏 把鲜茶薪菇按一定重量(一般为 100 克)装入塑料袋,置真空封装机中抽成真空后密封。真空密封后隔绝了茶薪菇与外界空气的交换,控制了鲜菇的呼吸量,从而降低了代谢活动。经真空包装后,常温下(15℃左右)能保存 7 天。在 0~4℃条件下,可保藏 20 天左右。

3)速冻保藏 速冻方法有两种:一是选用新鲜优质含水量较低的鲜菇,经分级包装后预冷至 0~5℃,然后迅速通过 -40~-30℃冰晶大量形成阶段,中心降温至 -18℃以下,储藏于 -18℃冷库内,待用时解冻。二是在冷冻保藏前,以抑制菇体内酶的活性为目的,先将其放在沸水中预煮处理,时间根据菇体大小及容器而定,一般需要 4~8 分,处理之后,迅速放到冷水(最好放在 1%柠檬酸溶液)中冷却,然后沥水包装,并迅速冷冻,储藏于 -18℃冷库内,用时解冻即可。

下篇 专家点评

诚告家行

　　茶薪菇大批量贮藏可以在冷藏室、冷藏箱或冷柜中进行,少量贮藏可用冰块或干冰降温。冷却设备的致冷能力是根据产品热、呼吸热和冷藏室穿透热计算的,其中以产品热最重要。冷藏时,茶薪菇适宜采取 10 千克以内的小件包装,堆码厚度应不超过 15 厘米,件与件之间应留有一定空隙。

（2）气调贮藏　气调贮藏是调节气体成分贮藏的简称。它是通过适当降低环境中氧气的浓度，提高二氧化碳浓度，抑制茶薪菇的呼吸作用，延缓衰老。目前多将气调与冷藏结合使用，以达到保鲜的目的。不同品种鲜菇，对环境中空气组分要求不同。在调节气体比例时，氧气和二氧化碳的浓度配比要适当，氧气浓度过低或二氧化碳浓度过高，会导致菇体二氧化碳中毒，加重无氧呼吸。同时，从封闭时的正常空气组成到达到要求的气体指标，有一个降低氧气和升高二氧化碳的过程，此过程越短越好。通常将气调分为自发气调和充气气调。

1）自发气调　将鲜菇贮藏在一定透气性的薄膜容器内，利用菇体自身的呼吸作用使氧气浓度下降，二氧化碳浓度上升。目前，使用较多的是透气性塑料薄膜袋和硅窗气调袋。此法简单易行，但氧气降低的速度慢，有时效果不显著。

目前，用塑料袋保鲜茶薪菇最为常用。如在塑料内加保鲜剂保存茶薪菇，可保鲜 10~15 天；若在冰箱内保存还可延长保鲜 3~5 天。

2）充气气调　即人工降低氧气浓度的方法。可采取充二氧化碳、充氮气的方法，或抽氧气和充氮气相结合的方法等。人工降氧法比自发降氧法效率高，但所需设备投资大，成本高。

（3）辐射贮藏　辐射贮藏是利用钴 60 和铯 137 放射出的 γ 射线照射鲜菇，产生生物效应，抑制呼吸作用，抑制开伞，延缓老化、变色，杀死或抑制腐败微生物和病原菌的活动。辐射储藏与其他保藏方法相比有许多优点，如无化学残留物，能较好地保持原有的新鲜状态，节约能源，加工效率高，易于自动化生产等，是一种很有前途的物理保藏方法。

据报道，用 25~100 千拉德剂量处理鲜菇，对呼吸有显著抑制作用。华南农业大学用 5 万~7 万伦琴剂量处理蘑菇，对抑制蘑菇开伞有良好效果。用 100~300 千拉德剂量处理后，多种氧化酶活性受到抑制，延缓菇体变色。用 500~600 千拉德剂量处理，可抑制或杀死微生物。1980 年联合国粮农组织、国际原子能机构、世界卫生组织联合指出，在总剂量为 1 000 千拉德时，辐射任何食品均无毒害作用。必须指出，辐射贮藏必须在国家的放射源处进行。

（4）减压贮藏　减压贮藏是把盛有鲜菇的贮藏器内部空气抽掉，形成一定的真空度，同时经压力调节器输入新鲜空气并经加湿器提高湿度。整个系统不断抽气并输入新鲜湿润空气，精确地控制氧浓度和空气相对湿度，促进组织内乙烯、乙醛等有害气体向外扩散，延缓衰老，防止有毒物质引起的生理障碍和二氧化碳毒害，并能及时排除产品热量，降低贮藏温度,从而延长鲜菇的贮藏期。

(5)化学贮藏　化学药物处理一般是用于茶薪菇加工前的处理及短途运输。试验表明,多种化学药剂和一些植物激素对茶薪菇保鲜均有作用,现介绍如下:

1)盐水处理　将鲜菇用0.6%盐水浸泡10分,捞出沥干水分,装入塑料袋内。在15~25℃的温度下,经4~6小时,护色和保鲜的效果非常明显。盐水处理的鲜菇通常可保鲜3~5天。

2)焦亚硫酸钠处理　采收的鲜菇,先用0.01%焦亚硫酸钠溶液漂洗3~5分,再用0.1%~0.2%焦亚硫酸钠浸泡30分,捞出沥干水分,装入塑料内贮存。在10~15℃室温下保鲜效果好,色泽可长时间保持,饱满度较好。贮藏温度超过30℃后,就会逐渐变色。试验表明,将焦亚硫酸钠和食盐水混匀浸泡鲜菇,保鲜效果更好。

3)激动素处理　在上述焦亚硫酸钠溶液中,加入0.01% 6-苄基腺嘌呤溶液,浸泡鲜菇10~15分,取出沥干水分,装入塑料袋内贮存,能延缓衰老,其保鲜效果更好。

(二)茶薪菇干制

干制是脱去菇类原料中的部分水分,又尽量保持其原有风味的加工方法。

干制在我国历史悠久,广大菇农在长期的生产实践中,积累了宝贵的经验。干制作为一种加工方法,具有灵活性强,设备可简可繁,生产成本低,技术易掌握,产品营养丰富、保存期长等特点。

随着现代科学技术的不断发展,新的干制技术和干燥设备相继出现,干制工艺和成品质量也在不断提高。

1.干制原理　茶薪菇的干制就是借助热力的作用,对鲜菇进行脱水,使菇体水分含量降至12%~13%,使可溶性物质的浓度提高到微生物不能利用的程度,造成微生物因生理干燥而失活,同时也抑制了酶的活性,以达到长期保存的目的。

菇体中的水分以三种状态存在,即游离水、胶体结合水和化合水。游离水又叫自由水,存在于菇体细胞之间,流动性大,含量高,容易蒸发排除。胶体结合水由于与胶体相结合,比游离水稳定,一般不易蒸发,只有当游离水蒸发完全后,才能部分排除。化合水是与其他物质的分子化合在一起的,最稳定,极难蒸发排除。脱水就是脱去全部游离水和部分胶体结合水。

干燥初期,由于温度的升高,表层自由水首先蒸发散失,即水分的外

扩散。随着表层水分的散失,表层与子实体内部就形成水分梯度,由于水分梯度的存在,使得内部的水分向外转移,即水分的内扩散。如果前期温度过高,外扩散大于内扩散,表层失水过快,内部来不及转移,就会导致表面结壳,阻碍水分继续蒸发,内部蒸汽压的加大,将造成细胞破裂,汁液流失。后期温度过高,易造成焦化,影响外观和风味。因此,干燥时应掌握温度先低后高,缓慢干燥,内、外扩散趋于平衡的原则。

诚告农行

干燥速度的快慢,应从干燥空气的温度,空气的流动情况,原料的种类和状态(菇体大小、厚薄、含水量、质地)、原料的装载量和疏松程度等方面加以考虑,使其达到应有的干燥效果。

2. 干制方法 茶薪菇干制方法,可分为自然干制和人工干制两大类。

(1)自然干制 就是利用风吹日晒等自然条件,将鲜菇晒干(图95)。此法无需特殊设备,简单易行,节约能源,成本较低。缺点是干燥速度慢,时间长,品质差,常受天气变化制约。若

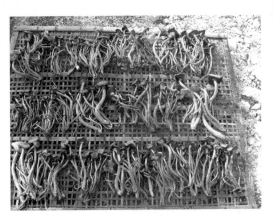

图95 自然干制

遇阴雨连绵天气,干燥时间延长,品质下降,甚至造成腐烂损失。

晒干的方法:将适时采收的鲜菇,均匀摆放在晒帘上,晒帘以竹帘、苇帘为好,不能使用铁丝编的晒帘,以防铁锈影响菇体卫生。鲜菇的摆放有一定要求,应菇盖朝上,菇褶向下摆放。在有风的晴天晒1~2天,进行整靠拼帘,再晒2~3天,把菇褶向上翻起,直到晒干。

(2)人工干制　是利用干制设备,用煤、柴、电等作热源,对鲜菇进行脱水干制。与自然干制相比,人工干制不受气候条件的限制,干制速度快,时间短,可防止烂菇现象。同时高温干制破坏了酶的活性,呼吸作用停止,提高了产品质量,色、香、外形均比自然干制好。干制设备种类较多,可根据生产规模、生产条件加以选择。

1)简易干燥箱与焙笼　简易干燥箱与焙笼均可自制。

简易干燥箱是用砖砌70厘米高的底座,箱体用双层木板钉制,木板中间填以锯末或谷壳,作为保温材料。木箱两侧安两扇门,既可通风进气,又可添加燃料。木箱座在砖座上,用白铁皮隔离热源,距热源40厘米处放烤架,烤架间距15厘米,架上放烤筛,筛孔不得小于1厘米。

焙笼用竹篾编织而成,高约90厘米,直径约70厘米,中间有一托罩,距笼口30厘米。笼身用双层竹篾编织,中间夹报纸,以利保温。可用木炭或小电炉作热源。此法适合家庭少量生产。火候不易控制,烘量少,费时费工。

2)烘房　是目前生产中广泛采用的一种形式,适用于大批量干制。其设备费用低,操作管理简便。烘房大小按需而定。升温方式多采取一炉一囱回火升温。炉膛设在烘房一端的中间,烟火沿主火道至另一端,再从两侧的边墙回到炉膛一端的烟囱排出。主火道上放镀锌铁皮覆盖,四周用泥糊严。烘房内设多层烤架,每层之间放置烘菇竹筛,层与层距离以容易取出为宜,但最底层距铁皮不能少于50厘米。房顶设有排气筒,两侧近地面处留有进气窗,可控制通风量。有条件的可装鼓风机加以通风。

3)干燥机　目前,国内生产的干燥机型号较多,采用热交换的形式也不同。如福建省农机研究所研究生产的SHB-30型食用菌干燥机(图96)。该机体积小,效率高,适用于木耳、香菇、竹荪等干制。每小时可干制银耳2.5~3千克,每千克干品干燥成本0.25~0.3元。可用煤炭和木材作燃料。

图96　小型电烘干机

4）其他干燥法　①微波干燥。微波是指频率 300~300 000 兆赫，波长 1~1 000 纳米的高频电磁波。常用的加热频率为 915 兆赫和 2 450 兆赫。微波干燥具有加热均匀、干燥速度快、热效率高、反应灵敏、无明火等优点。但成本较高，烘干量较少。②远红外线干燥。远红外线是指波长 5.6~1 000 纳米的光波区域。能穿透厚的物体，在物体内部产生热效应，使物体的外层和内层同时受热。其他的干燥方法，热量一般是从表面逐步向内部传递，所以远红外线干燥的产品质量较好，干燥速度快，效率高，节约能源等。但烘烤量较少，投资成本较高。③冷冻干燥。又叫真空冷冻升华干燥。先把新鲜产品冷冻至冰点以下，所含水分变为冰，然后在较高真空下将水分由固态直接升华为气态，产品即被干燥。

经冷冻干燥的产品浸在热水中几分即可复原，除了硬度低于鲜品外，风味几乎同鲜品没有什么区别。冻干产品质地很脆，必须用坚硬的包装盒包装。冷冻干燥成本高，此种干燥方法的前途取决于产品质量和成本。

（三）茶薪菇的盐渍

所谓菇盐渍，是用食盐把新鲜茶薪菇淹制起来的保藏方法。盐渍保藏，方法简单，设备少，成本低，效果好，这是茶薪菇贮藏中最常采用的方法。茶薪菇的盐渍，有利于解决茶薪菇生产的淡旺季问题，缓和市场，为罐头工业提供原料，同时也可以直接出口。

1.盐渍原理　食盐水溶液有很高的渗透压。10%食盐水溶液渗透压为 6.38 兆帕。盐渍时常用的盐水浓度为 15%~20%，具有 9.12~12.16 兆帕的渗透压。而细菌和真菌细胞的渗透压仅为 0.35~1.76 兆帕。因此,在高浓度食盐溶液中微生物细胞内水分外渗,原生质收缩引起质壁分离,最后导致细胞生理干燥而死亡。食盐在水中离解为各种离子,由于离子的水合作用,使微生物因可利用的游离水减少而死亡。同时,在盐溶液中微生物体内酶失活。盐水中氧气浓度显著减少,好氧微生物难以在缺氧环境条件下生存。上述诸原因是茶薪菇盐渍加工的理论基础。

2.工艺流程　盐渍的工艺流程为:原料验收→漂洗护色→预煮杀青→冷却→盐渍→装桶。

3.操作要点

(1)原料验收

1)鲜菇　凡供盐渍加工的鲜菇都要适时采收,清除污物、杂质,剔除病虫危害的个体,按加工标准分级收购。

2)食盐　应选购精制食盐。粗盐往往杂质含量较高,常混有嗜盐微生物。若要使用这种盐,应用沸水溶解、澄清,并用纱布过滤后再使用。

(2)漂洗护色　鲜菇采摘后,用不锈钢刀削去蒂柄,清除污物,并立即用 0.02%焦亚硫酸钠溶液进行漂洗,以除去菇体外表杂质。捞出后,倒入 0.05%焦亚硫酸钠溶液中浸泡护色 10 分。然后用清水冲洗 3~4 次。上述两种焦亚硫酸钠溶液可连续使用 5 次后再进行更换。

(3)预煮杀青　鲜菇漂洗后,应立即投入 10%沸腾盐水中杀青。目的是杀死菇体细胞,抑制酶的活性,排除菇体内气体,便于食盐渗入。杀青锅用不锈钢锅或铝锅,不能用铁锅,以防菇体变色。杀青时应保持水温在 98℃以上,鲜菇投放量不宜太多,一般每 100 千克盐水投放 40 千克为宜。盐水尽量淹没菇体,并不断搅拌,煮沸时间依菇体大小而定,一般掌握在 5~12 分,以熟透为度。

(4)冷却　将杀青后的菇迅速放入冷却池或流水槽中冷却。要求冷透至心,一般需 15~30 分。

(5)盐渍　将冷却后的菇,先放入 15%~16%的盐水中盐渍定色 3~5 天。将菇捞出,沥干水分,转入 23%~25%的饱和盐水中浸渍一星期左右。每隔 2~3 天翻缸一次,每次均要用竹算或塑料孔板压住菇面,使其充分浸入盐液中,为了防止嗜盐酵母的生存,应调节缸内的 pH。常用偏磷酸 55%、柠檬酸 40%和明矾 5%溶解在饱和盐水中做调整液,使 pH 降至 3.5 以下。经 15~20 天后,缸内盐水浓度不再下降,稳定在 22%左右,即可装桶。

(6)装桶　将腌制好的盐水菇捞出,沥干盐水,称重后装入塑料桶内,

桶的规格有 25 千克、40 千克、50 千克等。向桶内加满新配制的浓度为 20% 的盐水,并用调整液或柠檬酸溶液调节至 pH 3.5 以下,表面再撒层精盐,加盖封紧,便可入库或出售。

(四)茶薪菇清水罐头加工技术

茶薪菇罐装产品加工,是延长茶薪菇供应时间、长期保存的一条重要措施。该产品质地清爽、脆嫩、风味鲜美,是餐桌上必不可少的美味佳肴。其产品分两大类:一类是以茶薪菇为主料配制的各种风味菜肴,开盖即可食用。但该类产品加工工艺相对复杂,要求严格,设备投资较大,较清水产品销量小。另一类是半成品清水罐头。作为配菜原料供应市场,其整个加工工艺相对简单,设备投资较小且销量很大,适宜茶薪菇种植户应用。现将该产品的生产工艺介绍如下:

1.工艺流程　原料→分组→漂洗→切段→热烫→冷却→漂洗→装罐→注汤→抽空密封→杀菌→冷却→保温→包装→擦罐→入库→成品。

2.操作要点

(1)原料要求　要求茶薪菇新鲜幼嫩,菌体完整,菌伞未完全放开,无病虫害及泥沙等杂质。具有茶薪菇本身特有的正常气味,无其他不良气味。要求菌体整齐,长度 15~20 厘米,长短大致均匀,切口平整。

(2)分级切断　分级标准:一级品,菇盖直径 15 厘米。菌柄 15 厘米左右,全部洁白;二级品,菌盖直径在 2 厘米左右,菌柄长 9 厘米以内,基部色泽较深。根据制罐要求剔除不合格菇,分级后根据罐型的内高进行切段。

(3)热烫　将分级后的茶薪菇放入 75~85℃ 热水中烫漂 30~45 秒,取出用清水及时冷却漂洗干净,切勿热烫过度导致组织软烂无法装罐。

(4)装罐　装罐切口要整齐,汤料要注满菌体,顶隙留空 1 厘米左右。在装罐汤料中加入 0.08% 氯化钙,可增加茶薪菇的硬度,保持形态完整。

(5)密封　装罐后立即封口,要求采用全自动真空封口机,真空度控制在 0.06~0.07 兆帕。

(6)杀菌　15 分内,将罐内温度升至 112℃,压力至 101 千帕,保持 60 分后,在 10 分内将温度降至 35℃ 左右即完成杀菌。

(7)保温　在 37℃±1℃ 下保温 7 天。

3.产品质量指标

(1)感官指标　色泽:呈茶色或浅褐色,汤汁透明晶亮无杂质。组织形态:粗细长短一致均匀,切口整齐,组织完整,无开伞、软烂现象。滋味及气味:具有本品种固有的芳香气味,无其他不良气味。

（2）理化指标　净重分 340 克、500 克、770 克等，允许公差 23%，但每批平均不低于净重；固形物含量占标准净重的 45%；成品罐要求真空度达 0.026 兆帕以上。

（五）软包装调味茶薪菇加工技术

1. 工艺流程　干茶薪菇（或鲜菇）清洗去根→浸泡→调煮→装袋、封口→杀菌、存放→检验、装箱→成品出厂。

2. 操作要点

（1）原料处理　选无霉变、无虫蛀的干茶薪菇（或鲜菇），用清水洗后去根，再放入清水中浸泡数小时（鲜菇不用浸泡），切成 5 厘米左右的段，沥水后备用。

（2）配料　茶薪菇 50 千克，食盐 1.5 千克，花椒粉 200 克，酱油 1 千克，植物油 400 克，白糖 500 克，红辣椒切丝 200 克，五香粉 100 克，清水 10 千克，味精 200 克。

（3）调煮　先将植物油烧热，依次加入食盐、水、花椒粉、酱油等调味，烧开后再加入茶薪菇，边加热边搅拌煮约 20 分，至汤汁近干状即可出锅装袋。

（4）包装、封口　一般采用复合蒸煮袋包装，外套彩印塑料薄膜袋。可用自动包装机，也可采用手工装袋，每袋装 200 克，装好后略压实，压出多余空气，称重，并保持袋口干净，用真空封口机封口。

（5）杀菌、存放　将封好口的袋装产品，置高压蒸汽杀菌锅中，蒸汽压力为 0.15 兆帕，保压 30 分，冷却后出锅，经风干再套上彩印塑料袋并封口，在常温下保存 3~5 天。

（6）检验、装箱　将存放 3~5 天的成品进行检验，查看有无涨袋、漏袋现象，并开袋抽检制品的酒味、理化指标，检验合格后即可装箱入库或出厂。

3. 产品质量指标　色泽：茶薪菇呈棕褐色，鲜艳正常；香气：具有茶薪菇特有的香味及辅料香气，协调浓郁；味道：辣、鲜、香、甜等滋味悠长，咸淡适口。

（六）茶薪菇保健蛋糕加工技术

糕点、面食品中引进茶薪菇，一是可以增加这些产品的花色品种；二是利用食用菌营养丰富、保健功能显著等特点，提高或改善这些产品的营养、保健功能；三是改变这些产品的风味。在这些产品的加工中，茶薪菇仅仅只是一种辅料，只起点缀作用，对这些产品的加工技术影响不大。

茶薪菇营养丰富，又有一定的食疗保健功能。在烤蛋糕的基础上，用

茶薪菇粉替代部分面粉,用淀粉糖浆替代部分白砂糖,开发研制出茶薪菇保健蛋糕。本产品鲜香微甜,松软适口,老少四季皆宜,具有广阔的市场前景。

1.主要原辅料　面粉(面包用粉)、茶薪菇粉(自制)、橘皮粉(自制)、鸡蛋、白砂糖、淀粉糖浆、发酵粉、柠檬酸、水、食用油(涂模和涂蛋糕表皮用)。

2.主要设备　干燥箱、小型粉碎机、筛子、和面机、远红外线烤箱。

3.工艺流程

茶薪菇→清洗→切片→烘干→粉碎→过筛

橘皮→清洗→浸泡→去内白皮→烘干→粉碎→过筛

面粉→发酵粉→拌匀

鸡蛋→清洗→打蛋→取液

白砂糖、淀粉、柠檬酸、水　→打发→调糊→成型

→烘烤→涂油→冷却→检验包装→成品

4.操作要点

(1)茶薪菇粉制备　取无霉变的茶薪菇用清水漂洗去杂,切成1厘米左右长,置于干燥箱中在50~60℃下干燥3~4小时,冷却后粉碎,过100目筛即得茶薪菇粉。

(2)橘皮粉的制备　选新鲜、无霉变的橘皮,清洗干净,浸泡一昼夜,滤干水分,用刀刮去橘子皮内白色部分,放入干燥箱中在60~70℃下干燥2~3小时,冷却后粉碎,过100目筛即成橘皮粉。

(3)打发　鸡蛋用清水清洗后去壳,蛋液放入多功能和面机,加入白砂糖、淀粉糖浆、柠檬酸、水,启动和面机,搅拌浆高速旋转,使原料溶解,空气充入蛋液,蛋浆容积比原容积增大1~2倍。

(4)调糊　将搅拌均匀的面粉、茶薪菇粉、橘皮粉、发酵粉放入打成的蛋浆中,开启和面机慢档,轻轻地混和均匀。

(5)成型　调成的蛋糊及时注入(经消毒,模内壁涂油)烤模中,蛋糊加入量占烤模高度的1/2~2/3,一次成型,动作要快。

(6)烘烤　迅速将烤模放进烤炉,烘烤温度180℃,时间约20分,用细竹签插入蛋糕中心,若竹签无粘连物,即熟。

(7)冷却包装　烘烤结束,将烤模取出,即用毛刷蘸少许油涂于蛋糕表皮,脱模冷却,检验包装即为成品。

5.产品质量指标

(1)感官指标　黄褐色深浅一致,无焦斑,表面油润有光泽,膨松饱满,块形整齐,不起泡,不塌脸,不崩顶,起发均匀,呈细密的蜂窝状,有弹性,无杂质,松软适口,鲜香微甜,无粗糙感,不粘牙。

(2)理化指标　水分 18%~24%,总糖 25%~30%,粗蛋白质 6%~8%。

(3)卫生指标　细菌总数≤750 个/克,大肠菌群≤30 个/100 克,致病菌(指肠道致病及致病性球菌)不得检出,霉菌≤50 个/克,砷含量≤0.5 毫克/千克,铅含量≤0.5 毫克/千克。

(七)茶薪菇面条加工技术

1.主要原辅料　优质小麦、富强粉、豆浆、葡甘聚糖等。

2.工艺流程　麦粒→浸泡→灭菌→冷却→接种培养→烘干→粉碎→过筛→和面→压片→阴干。

3.操作要点

(1)菌粉的制备　将麦粒用清水浸泡至含水量 65%后,装瓶或塑料袋,然后在 0.15 兆帕下灭菌 2 小时或常压灭菌 6~8 小时。待温度冷却至 25℃时在接种箱或接种室内接入茶薪菇原种。接种后在 20℃左右的温度下培养 25~30 天即长满菌丝。然后将麦粒菌丝从瓶或袋内挖出,在 60℃的温度下烘干,再用粉碎机粉碎,过 100 目筛,即得菌粉。

(2)和面　按 1 千克菌粉加 9 千克富强面粉、3 千克豆浆的比例配料,另加 1%的葡甘聚糖,水量视情况而定,按要求配料后倒入搅拌机内,搅拌 10~12 分,至面粉彼此黏结形成面筋并有一定延伸性为止。然后将拌和的面料在 25℃左右的温度下放置 15 分。

(3)压片　面料放置后应及时上机压片,先通过双辊压延。初步形成薄片,再通过数道压辊逐步压延,使面筋网络分布均匀,然后用轧片机将面片切成 1 毫米宽的面条。

(4)阴干　将湿面条放在低温条件下阴干,否则面条易断裂,在温度为 15~20℃,空气相对湿度为 70%~80%,并有一定风量的地方缓慢干燥即可,不宜暴晒。

行家说种

十、关于茶薪菇病虫害及其防治 •••••••••••••••••••• ◆

　　茶薪菇在生长发育过程中常受到病、虫等侵害，生产者应进行细心观察，及时发现并采取正确治疗措施，既确保能有效降低生产损失，又做到产品安全无公害，是生产者必须掌握的技能。

155

（一）危害茶薪菇的识别害虫与防治

能给茶薪菇生产造成严重危害的虫类较多，概括起来大体上有昆虫类、螨类和软体动物类等。在茶薪菇栽培过程中以昆虫类和螨类害虫发生较为普遍且危害严重。

自然季节栽培茶薪菇，虫害主要发生在温度偏高的季节，可危害菌种也可危害发菌期与出菇期的菌袋。轻者造成产量与质量下降，重者造成生产失败。

1.茶薪菇常见虫害的识别

（1）菌蚊的识别及危害症状　如图97、图98所示。

（2）菇蝇的识别及危害症状　如图99、图100所示。

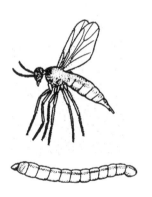

图97　菌蚊成虫及幼虫

图98　菌蚊危害症状

图99　菇蝇成虫及幼虫

图100　菇蝇危害症状

（3）跳虫的识别及危害症状　如图101、图102所示。
（4）螨类的识别及危害症状　如图103、图104所示。
（5）线虫的识别及危害症状　如图105、图106所示。

图101　各种跳虫成虫

图102　跳虫危害症状

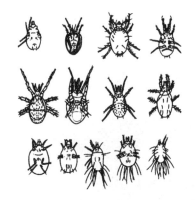

图103　各种螨虫成虫

图104　螨类危害症状

图105　各种线虫成虫

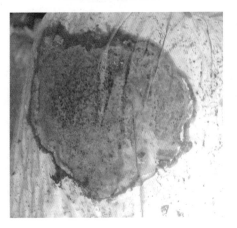

图106　线虫危害症状

2.茶薪菇虫害的无公害防治技术　除参照能手谈到的防治经验外，还可按照本书下篇中"十（三）"的有关内容进行。

（二）危害茶薪菇的病害识别与防治

在茶薪菇制种、制袋、出菇过程中，时刻都遭受着杂菌的威胁，稍有不慎，就会受其侵染，给生产造成损失。因此，防止病害的发生是生产者效益的保障，而识别病害并能对症治疗是把损失降到最低的唯一办法。

1.茶薪菇出菇前病害的识别

（1）绿霉的识别及危害症状　如图107所示。

（2）链孢霉的识别及危害症状　如图108所示。

图107　绿霉危害症状

图108　链孢霉危害症状

（3）毛霉的识别及危害症状如图109所示。

（4）青霉的识别及危害症状如图110所示。

图109　毛霉危害症状

图110　青霉危害症状

(5)曲霉的识别及危害症状　如图 111 所示。

(6)根霉的识别及危害症状　如图 112 所示。

图 111　曲霉危害症状

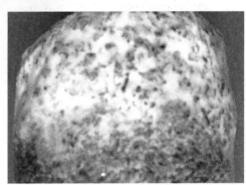

图 112　根霉危害症状

(7)酵母菌的识别及危害症状　如图 113 所示。

(8)细菌的识别及危害症状　如图 114 所示。

图 113　酵母菌危害症状

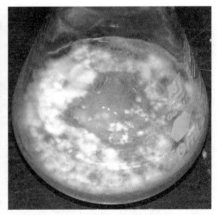

图 114　细菌危害母种症状

2.茶薪菇病害的无公害防治技术 除参照能手谈到的防治经验进行外,还可按照以下有关内容进行。

(三)关于病虫害无公害综合防治措施

茶薪菇病虫害一旦发生,较难处理,且损失已经造成。因此,其病虫害的综合防治更强调预防为主、防重于治、综合防治的原则。以选用抗病虫能力较强的优良品种、合理的栽培管理措施为基础,从生产全局出发,制定一套经济有效、切实可行的防治策略,将生态防治、物理防治、生物防治、化学防治等多种有效防治措施配合使用,形成全面、有效、科学、经济合理的防治体系,既达到控制病虫危害的目的,又能促进茶薪菇优质、高效生产。

1.生态防治

(1)防治机制 就是通过控制茶薪菇在培养过程中的生态环境条件,促使茶薪菇快速健壮生长,控制杂菌的生长繁殖,最终达到促菇抑病的目的。生态防治应根据茶薪菇的不同品种,对温度的适应特点,掌握好制种和栽培季节,科学配制培养料,积极创造有利于菌丝和子实体生长发育的环境条件。

(2)防治措施

1)场地需求 菇场要选在远离垃圾、仓库、饲料场等污染源,交通方便,近水源,水质无污染的地方。合理规划生产场所,将原料库、配料厂、肥料堆积场等感染区,与菌种室、接种室、培养室、出菇棚等易染区隔离开来,防止材料、人员、废料等从污染区流动到易染区。因此,培养室应与菇场、菇棚分开,采用两场制,以减少培养期污染。建立长效的保洁制度,室内要经常消毒,室外要无杂草和各种废物,不乱倒垃圾,及时清理菇场。

2)原料与设施要求 选用优质原料,严格灭菌杀虫,搞好栽培场所环境卫生,杜绝病虫害污染源。并配套良好的生产设施,如空调、电冰箱、培养箱、灭菌设备、接种设备、培养设备、出菇设施等,以有效控制温度、湿度、光照、通气,尽量减少杂菌污染和病虫害的发生,为茶薪菇生长创造良好的生态环境。

3)栽培措施 到正规单位购买信誉度高、品牌正的菌种。母种传代不要超过3代,栽培种由原种转接而来,不要由栽培种再次转接作栽培种。优质菌种的感官特征应是:菌丝健壮不老化、纯净无污染。选用抗病虫、抗逆性强的优良品种和适龄、生活力强的菌种。基质灭菌彻底,适当加大接种量,适温促进菌丝快速萌发。采菇后要及时清理料面、菇根、烂菇等残菇,然后集中深埋或烧掉,不可随意扔放,并进行场地消毒。科学用水,避免向菇体直接喷水。

4)合理轮作　食用菌栽培实践证明,在同一菇棚内连续栽培同一菇类,极易引发杂菌污染,且一次比一次严重。不同菇类,或同一菇类的不同品种之间,能产生具有相互拮抗作用的代谢产物,对病虫害及杂菌有一定的抑制和杀灭作用。据此合理轮作,能起到较好的预防效果。

2.物理防治

(1)防治机制　是指采用物理方法或机械作用杀灭病原菌和虫源,达到防病、杀虫的目的。此法优点多,效果显著,基本无副作用,易于操作,是目前应用最广的防治方法,包括一些传统的方法和现代科学技术。

(2)防治措施

1)规范操作程序　①生产原料要新鲜,储藏的培养料在使用之前,应该在强光下暴晒杀灭培养料中的霉菌孢子和虫卵。拌料场所、工具要清洁卫生。科学选择配方,规范拌料程序,保证培养料含水量均匀一致。强化基质灭菌,无论采用常压灭菌还是高压灭菌,都必须保证菌袋的熟化和无菌程度,切实杀死基质内的一切微生物菌体和芽孢。使用的菌袋韧性要强,无微孔,封口要严,装袋时操作要细致,防止破袋。②严格无菌操作。菌种生产要按照无菌操作程序进行,层层把关,严格控制,才能生产出纯度高、活力强的菌种或菌袋。在茶薪菇生产中,采用接种箱或接种室接种,都必须有专人监督菌种清洗、熏蒸消毒、接种工具和场地的清理工作。③杜绝外界侵害。在发菌过程中,严格防止杂菌、害虫侵入菌袋。设置屏障将病虫源拒之棚、室外,菇棚、室的门窗要安装防虫网或纱窗等,出入菇房随手关门,防止蝇、蚊成虫飞入。防空洞、地下室进门处留一段黑暗区,内外各装一道门帘,以防飞虫乘隙而入,将虫源和病害带入菇棚。菌种或菌袋在菌丝培养过程中要避光,温度应控制在 20~26℃,防止温差过大引起菌袋表面结露,造成杂菌污染。培养室要有专人管理,经常检查、消毒和通风,尽量减少闲杂人员进入培养室,减少人为传播机会。

2)科学防虫　茶薪菇在菌丝培养和出菇过程中,一旦出现虫害,可利用蚊、蝇和蛾的趋光性,用黑光灯、节能灯、杀虫灯诱杀。如在菇房内装黑光灯,在灯下放置加入少量敌敌畏的废料浸出液,可诱杀蚊、蝇和蛾类成虫。也可利用害虫对某些食物、气味的特殊嗜好诱杀。如菇蚊和螨虫对糖醋液、饼粕等有强烈的趋性,可用糖醋液、饼粕诱杀。方法是在菌袋上铺若干纱布,纱布上喷少许糖醋液或撒一层炒熟的饼粕粉,螨类闻到酸、甜、香味后便会聚集于纱布上取食,此时将纱布连同螨虫一起放入沸水中浸烫。

茶薪菇种植能手谈经

3.生物防治

（1）防治机制　是指利用某些有益生物,杀死或抑制害虫或有害菌,从而保护茶薪菇正常生长的一种防治病虫害的方法。如利用捕食性昆虫或寄生性昆虫等,或利用微生物如细菌、真菌、病毒消灭害虫及生物代谢产物等,防治病虫害。生物防治在茶薪菇上应用还处于起步阶段,但应用前景乐观,此法对人、畜、茶薪菇均较安全,对防治对象选择性很强,对其他生物无伤害,对环境无污染,可避免使用农药带来的副作用,能较长时间作用于病虫害,不产生抗体,生产简单、方便。

（2）防治措施

1）捕食　在自然界有些动物或昆虫可以以某种(些)害虫为食物,通常将前者称作后者的天敌。有天敌存在,就自然地压低了害虫的种群数量(虫口密度),如蜘蛛捕食蚊、蝇等,蜘蛛便是蚊、蝇的天敌。

2）以菌治菌　如茶薪菇假单孢杆菌引起的锈斑病,喷施青霉素溶液防治效果较好。防治其他细菌性褐斑病和腐烂病,可用 100~200 毫克/千克农用链霉素进行喷施防治。

3）以菌杀虫　利用苏云金杆菌制剂防治蚊蝇、螨类、线虫,杀虫效果良好。其他还有利用白僵菌、绿僵菌等寄生菌的寄生起到杀虫作用。

4）拮抗作用　由于不同微生物间的相互制约,彼此抵抗而出现一种微生物抑制另一种微生物生长繁殖的现象,称作拮抗作用。利用生物之间的拮抗作用,可以预防和抑制多种杂菌,如选抗霉力强的优良菌株,就是利用拮抗作用的例子。

5）占领作用　栽培实践表明,大多数杂菌更容易侵染未接种的培养料,包括堆肥、段木、代料培养基等。但是,当食用菌菌丝体遍布料面,甚至完全"吃料"后,杂菌较难发生。因此,在菌种制作和食用菌栽培中,常采用适当加大接种量的方法,让菌种尽快占领培养料,以达到减少污染的目的。这就是利用占领作用抑制杂菌的例子。

6）植物制剂　用 0.1%鱼藤精可杀死跳虫及菇蝇幼虫。在菇床上撒一层除虫菊酯或烟草粉末来防治跳虫;用 0.125%~1.25%大蒜提取液防治青霉、曲霉、根霉、木霉等。

4.化学药剂防治

（1）防治机制　化学防治是指用化学药剂预防和杀灭病虫害的方法。应作为其他方法失败后的一种补救措施。此法见效快、操作简单、使用方便,能在病虫害大量发生时较快控制局面。但因茶薪菇出菇周期短,药物喷施后易在菇体内残留,食后对人有一定的毒副作用,加上目前选择性农

药不多,防治病虫害的农药也会对茶薪菇本身及人、畜、环境等产生不同程度的影响。目前,世界各国对各种食用菌的质量检验都非常严格,农药残留将会严重影响市场竞争力。因此,应作为一种辅助防治方法。

(2)防治措施

1)合理用药　①选用高效、低毒、残效期短、对人畜和茶薪菇无害的农药。不允许超范围、超剂量、超浓度使用高效低毒农药。使用农药时,应根据防治对象和病虫害发生程度,选择药剂种类和使用浓度,尽量局部使用,少量使用,防止农药污染扩大。②茶薪菇生长期不得施用化学农药防治病虫害,要等到采收后才能施用,以免造成残毒,影响茶薪菇品质。③使用农药要熟悉其性质,不能滥用,尽可能使用植物性杀虫、杀菌剂和微生物制剂,做到既能防病治虫又能保护天敌。④严禁将剧毒农药应用于拌料、堆料及喷洒菇体和料面。禁止使用劣质农药。

2)消毒彻底　栽培室应在使用前将床架、墙壁、地面彻底消毒、杀虫,要特别注意砖缝、架子缝等容易藏匿害虫的地方。对发病严重的老菇房要进行密闭熏蒸消毒48~72小时后再启用。

5.茶薪菇常用消毒及杀菌剂的配制及使用方法　见表6。

表6　茶薪菇常用消毒剂及杀菌剂的配制及使用方法

产品名称	防治对象	使用方法
甲醛(含量37%~40%)	真菌、细菌、线虫	室内熏蒸消毒。1米³空间用8~10毫升加热蒸发,或加入4~5克高锰酸钾进行化学反应,汽化熏蒸12小时
苯酚(又名石炭酸)	真菌、细菌	3%~5%的水溶液,用于无菌室、培养室、生产车间等喷雾消毒及接种工具的消毒
高锰酸钾	真菌、细菌	与甲醛混合进行熏蒸消毒,或用0.1%的水溶液对工具、环境进行消毒
漂白粉(含氯25%~32%)	真菌、细菌	用3%~4%的水溶液喷雾消毒接种室、培养室、冷却室和生产车间等,如在4%的水溶液中加入0.25%~0.4%硫酸铵有增效作用
漂粉精(含氯80%~85%)	真菌、细菌、藻类	用0.3%的浓度处理喷菇用水,1%~2%的水溶液喷雾消毒接种室、培养室、冷却室和生产车间等
二氯异氰尿酸钠(含氯56%~64.5%)	真菌、细菌、藻类	属有机氯,性质稳定,具有很强的氧化性,杀菌效果好,无残留,是烟雾消毒剂的主要成分。可用0.1%的浓度处理喷菇用水,0.3%~0.5%的水溶液消毒接种室、培养室、冷却室和工具等
新洁尔灭	真菌、细菌	20倍液用于洗手、材料表面及器械消毒
二氧化氯	细菌、真菌、线虫	培养室、栽培室床架、地面等,喷洒0.5%~1%的水溶液消毒,或用2%~5%的水溶液表面消毒

茶薪菇种植能手谈经

产品名称	防治对象	使用方法
酒精(75%)	细菌、真菌	接种时手表面擦拭消毒,母种、原种瓶表面消毒,接种工具表面消毒
氨水	菇蝇类、螨类	17 倍液菇房熏蒸,室外半地下式栽培地面喷洒;50 倍液直接喷洒
烟雾消毒剂	真菌、细菌	接种室(箱)、栽培室空间熏蒸消毒,用量为 3~5 克/米³
石灰	霉菌、蛞蝓、潮虫	栽培室及工作室地面消毒,培养料表面患处直接撒粉,培养料拌入,配制石硫合剂或配制 5%~20% 的水溶液直接喷洒
硫黄	真菌、螨类	用于接种室、栽培室空间熏蒸消毒,用量为 15 克/米³,配制石硫合剂
来苏儿(50%酚皂液)	细菌、真菌	1%~2% 用于洗手或室内喷雾消毒,用 3% 溶液进行器械及接种工具浸泡消毒
硫酸铜	细菌、真菌	20 倍液用于洗手消毒,材料表面及器械消毒
克霉灵	真菌、细菌	300 倍液用于环境消毒,1 000 倍液喷洒
克霉灵Ⅱ型	真菌	300 倍液用于茶薪菇软腐病、绿霉病等真菌性病害的治疗,600 倍液预防病害发生
万菌消	真菌、细菌	600 倍液用于培养室、栽培室等消毒,1 200 倍液治疗子实体黑斑病、锈斑病,2 000 倍液喷洒
霉斑净	真菌、细菌	300 倍液用于子实体斑点病的治疗,800~1 200 倍液喷洒
50%多菌灵	真菌	1 000 倍液拌料,600 倍液喷洒料面、墙壁、空间
70%托布津	真菌	栽培料干重的 0.1% 拌料,800 倍液喷洒料面、空间
75%百菌清	真菌	800 倍液喷洒培养架、栽培架、墙壁、空间等
45%代森锌	真菌	500 倍液喷洒菇房、料面,1 000 倍液拌料

6.茶薪菇常用杀虫剂及其用法　见表7。

表7　茶薪菇常用杀虫剂及其用法

产品名称	防治对象	使用方法
80%敌敌畏	菇蝇、蚊、螨、跳虫	用棉球蘸50倍液后悬挂在菇房熏蒸,1 500~2 000倍液喷雾,不得向料面、菇体喷施,否则易造成药害
蜗牛敌	蜗牛、蛞蝓	每10千克炒麸皮,或豆饼加0.3~0.6千克蜗牛敌制成毒饵诱杀
菊酯类	菇蝇蚊、螨	1 500~3 000倍液喷洒菇房、培养室等
50%辛硫磷	蝇蚊、螨类	1 500~2 000倍液喷洒菇房及周围环境
线虫清	线虫	每吨干培养料拌入粉剂30克
73%克螨特	螨类	1 000~1 500倍液,喷洒菇房、培养室、原料仓库等
锐劲特	线虫、菌蛆蝇蚊、螨类	1 000~1 500倍液喷洒菇房、培养室及周围环境
敌菇虫	菇蚊、蚊虫线虫、菌蛆	600倍液喷洒菇房、培养室及料面,杀虫效果好,无残留,不影响茶薪菇现蕾出菇
20%二嗪农	菇蚊、螨类	每吨培养料用20%乳剂0.7千克拌料,1 000倍液喷雾料表面
灭幼脲	菇蝇、蚊	每吨培养料拌入250毫升或1 500倍喷雾
虫螨杀	菇蝇、螨虫线虫、菌蛆	用600倍液喷洒菇房、培养室及料面,杀虫效果好,无残留,不影响茶薪菇现蕾、出菇
虫立杀	菇蝇、蚊、螨类	该产品每袋净含量10克,对水2~2.5千克,混匀后喷洒菇棚墙壁、地面及发菌的料袋,可使菌袋在整个发菌期不受蝇、蚊、螨侵害
红海葱	鼠害	9份谷物或麦粉,加入1份红海葱、适量植物油、用水调制毒饵

　　7.无公害茶薪菇生产禁用农药　按照《中华人民共和国农药管理条例》,剧毒、高毒、高残留农药不得在蔬菜生产中使用,茶薪菇作为蔬菜的一部分应参照执行,不得在培养基中加入或在栽培场所使用。剧毒、高毒、高残留药物有:甲拌磷、乙拌磷、久效磷、对硫磷、甲基对硫磷、甲胺磷、苏化203、甲基异柳磷、治螟磷、氧乐果、磷胺、地虫硫磷、灭克磷、水胺硫磷、氯唑磷、硫线磷、滴滴涕、六六六、林丹、硫丹、杀虫脒、磷化锌、磷化铝、呋喃丹、三氯杀螨醇等。

附录　茶薪菇食用指南

　　本书是给生产者学习参考的,介绍美食方法似乎离题太远。但从整个产业链的视角,用递向思维的方法考虑,这其中大有深意:好吃,吃好才会多消费,进而促进多生产。因此,多多了解茶薪菇烹饪方法,并用各种方式告知消费者,对从根本上促进茶薪菇生产有着重要意义。

1.茶薪菇热菜系列

（1）干煸牛肉茶薪菇

1）材料　茶薪菇 250 克，牛肉 100 克，青、红椒各 50 克，木耳 50 克，洋葱 20 克，半茶勺小苏打粉，半个鸡蛋清，油、食盐、糖、料酒、黑胡椒粉、花椒粉、酱油、生粉、香油少许。

2）做法

A.牛肉切丝，加半茶匙小苏打粉、少许水抓匀，入冰箱涨发后，加少许盐、糖、料酒、黑胡椒粉、花椒粉抓匀，半个鸡蛋清、少许生粉上浆（为了防止炒时粘锅，可加点油进去抓抓，进冰箱 2 小时以上）。

B.将茶薪菇去根，煎成小段，洗干净后绰水沥干，生姜切末，洋葱切小粒，青、红椒切成细丝，木耳撕块待用。

C.起锅上油，用少许油先将牛肉丝滑散，肉丝变色后，略放酱油炒熟后盛出，再用少许油煸香生姜、洋葱粒，倒入绰好水沥干的茶薪菇翻炒，放炒好的牛肉丝，略放食盐、糖，淋上香油，大火煸炒 5 分即可。

（2）干锅茶薪菇

1）材料　鲜茶薪菇 250 克，五花肉 100 克，干辣椒 10 克，花椒 10 克，油、葱、姜、蒜、豆瓣酱、食盐、老抽、糖、水淀粉、香油少许。

2)做法

A.将新鲜的茶薪菇放入淡盐水中浸泡10分后,用清水洗净后沥干,切成6厘米长的段。葱、姜、蒜切成薄片备用。

B.把五花肉切成4厘米长、3毫米厚的薄片。豆瓣酱用刀剁碎。再把干辣椒掰成两半,里面的辣椒籽不要扔。

C.锅中倒入清水大火加热,水开后放入茶薪菇,当水再次烧开时,将茶薪菇捞出,沥干水分。

D.锅中倒入油,小火加热,放入剁碎的豆瓣酱,炒出香味后改成中火,放入五花肉片,葱、姜、蒜片,煸炒至肉的颜色变白后,再依次放入干辣椒、花椒、茶薪菇,继续煸炒5分,放入食盐、老抽、糖,翻炒均匀,最后淋入水淀粉,倒入香油即可。

(3)茶薪菇烧肉

1)材料　五花肉200克,茶薪菇200克,油、老姜、生抽、老抽、冰糖、料酒、八角少许。

2)做法

A.五花肉洗净切块,大锅水烧开放入五花肉焯一下捞出。

B.茶薪菇去蒂洗干净,放冷水里泡发,老姜切片。

C.锅里放少许油,加冰糖炒至颜色变深后加入肉块翻炒,肉块均匀上色。

D.加料酒、老姜、八角,加开水,差不多没过肉。

E.小火烧10分后,加入适量泡茶薪菇的水,煮开。加入茶薪菇,再次煮开。

F.加入生抽和老抽,大火煮开后改小火炖,直到汤汁浓稠,略加翻炒即可。

(4)茶薪菇炒牛柳

1)材料　里脊牛柳200克、干茶薪菇200克、洋葱20克,青、红椒各50克,嫩肉粉、姜、蒜、花椒、老抽、料酒、豆瓣、孜然粉、醋、食盐、味精少许。

2)做法

A.牛柳洗净、切片,用嫩肉粉少许、孜然、料酒、老抽码味,干茶薪菇用开水泡软沥干水,洋葱,青、红椒切块。

B.热油锅下牛柳翻炒,放入豆瓣、花椒、姜、蒜快熟时,放入茶薪菇、洋葱、辣椒炒熟。

C.再加入食盐、醋、少许老抽和味精即可。

(5)腊肉茶薪菇

1)材料　新鲜茶薪菇400克,腊肉100克,小米椒10克,豆豉、花椒、食盐、糖、酱油、香油、葱花、姜少许。

2)做法

A.新鲜茶薪菇去根折段洗净后,放开水锅里焯水后捞出沥干水分。

B.蒸过的腊肉切薄片,小米椒切斜刀。

C.锅里放油,放入腊肉炒香炒到透明,肥肉部分成窝状(炒的时候把全肥的部分先下锅稍煸)。

D.下姜、蒜末,加2大勺豆豉酱炒香,再放入小米椒、少许花椒炒香。

E.倒入沥干水分的茶薪菇,调入食盐、糖、酱油煸炒至茶薪菇水分将尽时,撒上葱花,淋少许香油起锅即可。

(6)茶薪菇栗子鸡

1)材料　仔鸡300克,干茶薪菇200克,板栗150克,葱、姜、大料、干红椒、酱油、料酒、糖、食盐、食用油少许。

2)做法

A.干茶薪菇提前浸泡,去除根部和杂质,洗净备用。

B.板栗去壳,剥除外皮,备用。

C.仔鸡洗净切成小块,姜切片,葱切段备用。

D.炒锅烧热,放油,待油烧至六成热时放入鸡块翻炒,炒至鸡块变色,水分收干。放入葱、姜、干红椒炒出香味。加入茶薪菇和板栗一起炒匀。后加入酱油、料酒、糖将颜色炒匀。

E.加入开水和浸泡过茶薪菇的水大火烧开。加盖转中火炖30分左右,至鸡肉酥烂。

F.最后用食盐调味,汤汁收浓即可。

(7)茶薪菇滑鸡

1)材料　茶薪菇250克,鸡肉200克,生姜几片,油、食盐、生抽、生粉、料酒、葱花少许。

2)做法

A.茶薪菇切去根部,清洗干净,切段。

B.鸡肉斩件,放姜丝、食盐、生抽、生粉、料酒拌匀,腌20分。

C.茶薪菇放进锅里,加入没过茶薪菇的清水,煮开。

D.捞起茶薪菇,放进清水里重新洗一遍后沥干水分。

E.热油锅,放进鸡肉,中小火煎至金黄,翻面,同样煎至金黄。

F.加入茶薪菇和没过材料2/3的水,中火煮开后,转小火焖煮10分左右。

G.大火收汁至浓稠,放入食盐和生抽调味,撒葱花即可。

(8)茶薪菇鸡肉蒸肠粉

1)材料　肠粉200克,茶薪菇200克,鸡肉块200克,老抽、生抽、食用油、香油、生菜、韭黄、姜、糖少许。

2)做法

A.茶薪菇洗净,和鸡肉拌到一起,放入老抽和生抽及姜片,加入少量糖和玉米淀粉,最后加入食用油拌匀腌制30分。

B.肠粉切斜条铺在盘子的最下面,然后把腌过的茶薪菇鸡肉倒在上面,大火蒸20分。

C.蒸过20分后,把韭黄、生菜最后撒到上面蒸2分。

D.蒸好后,在上面淋一些香油和生抽。

(9)茶薪菇烧豆腐

1)材料　豆腐200克,茶薪菇200克,口蘑50克,青椒50克,红椒、蚝油、食盐、姜片、食用油少许。

2)做法

A.豆腐切片;红椒切菱形片;口蘑洗净切片;茶薪菇洗净备用。

B.锅中倒油烧热,先爆香姜片,再放入豆腐片煎至两面金黄,然后把豆腐稍微推到锅边,接着放入茶薪菇、口蘑炒香后,再与豆腐一起拌炒均匀。

C.加入蚝油及适量水,一起炒匀后用小火慢慢烧至入味,大约5分,再放入少许食盐调味,最后放入红椒片拌炒几下即可。

(10)芦笋培根炒茶薪菇

1)材料　芦笋200克,茶薪菇200克,培根100克,蒜几瓣,食盐、食用油、黑胡椒粉少许。

2)做法

A.芦笋削去老皮,掰成段,用开水略焯一下。

B.培根切小段,蒜切片。

C.热锅倒少许食用油,煸炒蒜片出香味后,加入培根煸炒。

D.待培根炒出香味后,加入茶薪菇、芦笋段。

E.出锅,撒上黑胡椒粉即可。

(11)粉条茶薪菇

1)材料　茶薪菇300克,粉条100克,羊肉卷100克,食盐、白胡椒粉、鸡精、香菜、葱花少许。

2)做法

A.茶薪菇去根洗净,切段。粉条事先用开水烫一会。

B.葱花爆锅,加适量的水,烧开后,放羊肉卷,再开后,撇去上面的沫子,下入粉条。

C.1分后,放茶薪菇。再煮2分,加食盐、白胡椒粉、鸡精调味。闭火放香菜即可。

(12)鸡腿炒茶薪菇

1)材料　鸡腿250克,茶薪菇250克,姜、蒜末、生抽、料酒、淀粉、食用油、蚝油、香葱适量。

2)做法

A.先将鸡腿洗净后去骨切成丁,用生抽、料酒、淀粉、少许油拌匀腌 15 分入味备用。

B.茶薪菇剪去根,洗净焯水后沥干水分。

C.锅放油四成热放入腌好的鸡腿肉煸炒至变色,加入姜、蒜末继续煸炒出香味,再放入焯水后的茶薪菇翻炒片刻,加入蚝油炒匀出锅装盘撒香葱即可。

(13)干锅茶薪菇香干

1)材料　干茶薪菇 150 克,香干(豆腐干)100 克,广式腊肠 100 克,芹菜 100 克,洋葱、青红椒、酱油、蚝油、海鲜酱、糖、高汤、食用油少许。

2)做法

A.干茶薪菇先冲洗干净,切掉根部后放入碗里浸泡一个晚上。

B.香干斜刀切片,腊肠切片,洋葱切丝,芹菜切成小段,青红椒切成片。

C.把浸泡过夜的茶薪菇连同汤水放入高压锅,加入腊肠,加入三勺左右的红烧酱油,一勺蚝油,一勺海鲜酱,加入洋葱丝和半勺白糖,加入高汤,水量到高压锅三分之一的深度。盖好保险盖煮开发出扑哧声后继续煮 20 分,不用改火。

D.热油锅后加入香干煸炒一下,把高压锅里煮好的菜连同汤水倒入锅里,煮开。

E.再准备一个可以放在电磁炉上的锅,底部放入芹菜段,上面放叶子。

F.把锅里煮好的菜和汤汁浇在上面,把锅放在电磁炉上,边吃边小火煮。

(14)孜然茶薪菇

1)材料　茶薪菇 500 克,姜、蒜、干辣椒、食用油、食盐、鸡精、孜然粉少许。

2)做法

A.将茶薪菇洗净,沥干备用;姜、蒜、干辣椒切小块。

B.锅烧热,倒入适量食用油,待油热后倒入姜、蒜和干辣椒,翻炒爆香。

C.倒入茶薪菇翻炒,熟后加入食盐、鸡精和孜然粉继续翻炒至锅内无油水即可起锅。

(15)黄豆酱茶薪菇烧鸡腿

1)材料　鸡腿 200 克,茶薪菇 200 克,食用油、姜片、食盐、生粉、料酒、生抽、黄豆酱、冰糖适量。

2)做法

A.鸡腿洗净后斩切,然后用适量食盐、生粉、料酒、生抽腌制 2 小时。

B.茶薪菇用清水浸软后,剪去根部。

C.锅内放少量油,烧热后加入姜片,爆香后加入鸡腿翻炒至鸡肉表面变白。

D.加入适量茶薪菇、清水、黄豆酱、冰糖,然后盖上锅盖焖至汁浓即可。

(16)番茄枸杞茶薪菇

1)材料　茶薪菇 400 克,橘色番茄 150 克,枸杞 10 个,蒜末、食盐、橄榄油少许。

2)做法

A.茶薪菇纵切成更细的条,番茄切成小块。

B.平底不粘锅放橄榄油加热,油微热后放一半蒜末炒香,放番茄和茶薪菇,中火炒 3 分,放枸杞子,改小火再炒 5~7 分(中间加一小勺白水)到茶薪菇变软即可。出锅前放剩余的蒜末。

(17)爆炒茶薪菇

1)材料　茶薪菇 500 克,青椒 100 克,蒜末、葱、食盐、生抽、鸡精、食用油少许。

2)做法

A.茶薪菇用水泡发,洗净,切断。

B.葱切断,青椒切成片。

C.将茶薪菇入开水中焯 1 分,捞出沥干水分。

D.锅中放油,烧热,放入蒜、葱、青椒翻炒至青椒变色。

E.加入茶薪菇继续翻炒后,加入食盐、生抽翻炒均匀。

F.加入鸡精,即可出锅盛出。

(18)茶薪菇炒肉丝

1)材料　干茶薪菇 300 克,肉丝 100 克,老抽、生抽、生粉、料酒、食盐、食用油少许。

2)做法

A.茶薪菇冷水泡发,去蒂择净,沥干水分。

B.肉丝加生粉、料酒、食盐拌匀。

C.起油锅炒肉丝,盛起。

D.再加些油,煸炒茶薪菇,炒透后,加老抽、生抽适量。

E.最后加入肉丝炒匀即可。

(19)茶薪菇炒鸡蛋

1)材料　茶薪菇 300 克,鸡蛋 5 个,青红椒 50 克,洋葱、食用油、食盐适量。

2)做法

A.将茶薪菇去根,洗净,切段。青红椒切丝。鸡蛋打均匀。

B.锅内放入食用油,等油温稍高后放入鸡蛋,炒熟后。

C.依次放入洋葱、茶薪菇、青红椒、食盐,熟后即可。

(20)茶薪菇爆鸭丝

1)材料　烤鸭胸 200 克,茶薪菇 200 克,芹菜 150 克,葱、姜、辣椒、蚝油、糖、黄酒、辣油、胡椒粉、白醋适量。

2)做法

A.将烤鸭胸先切片后再改刀顺纹路切丝,茶薪菇切去硬梗后对切,辣椒切片,芹菜切段,葱切段,姜切丝备用。

B.起油锅,先爆香辣椒、姜和葱白,再加入黄酒、白醋和茶薪菇炒香后,倒入蚝油、糖和胡椒粉烧开,再放入葱绿和芹菜拌炒均匀,然后放入鸭肉炒匀,起锅前再加入辣油拌匀即可。

(21)红烧腐竹茶薪菇

1)材料　腐竹 150 克,干茶薪菇 150 克,食盐、食用油、糖、十三香、郫县豆瓣酱、草菇老抽、黄冰糖适量。

2)做法

A.腐竹和干茶薪菇分别用温水泡开。

B.锅内热油,先加入郫县豆瓣酱,再加入茶薪菇、十三香、食盐、糖炒匀,然后加入腐竹继续翻炒,后倒入沸水,中火水开后转小火,加入草菇老抽和黄冰糖,盖盖至汁完全收干。

(22)双菇炒牛肉片

1)材料　牛肉 200 克,茶薪菇 250 克,草菇 250 克,姜、蒜、食盐、酱油、糖、生粉、蚝油、料酒适量。

2)做法

A.牛肉切片加入少许姜、酱油、糖、生粉混合搅拌均匀腌制 1 小时。

B.茶薪菇、草菇热水灼煮片刻后捞起泡冷水晾干备用,姜、蒜切碎备用。

C.牛肉下锅炒至七八成熟捞起备用,姜、蒜爆香油锅,倒入双菇和少许料酒一起翻炒片刻后倒入牛肉加入适量的食盐、蚝油、酱油、糖翻炒均匀即可。

2.茶薪菇炖汤系列

(1)茶薪菇煲鸡汤

1)材料　土鸡 500 克,茶薪菇 100 克,葱、姜、料酒、食盐少许。

2)做法

A.茶薪菇泡发洗净,剪掉底部的根,用少量清水浸泡,葱、姜备好。

B.凉水放入鸡一起烧开,撇去浮沫,加葱、姜,加少许料酒。

C.放茶薪菇,连同浸泡菇的少量水一起倒入,再次煮开后调小火煲 1.5 小时,关火前加少量食盐调味即可。

(2)茶薪菇猪尾巴汤

1)材料　茶薪菇 100 克,猪尾巴 1 根,生姜,食盐、食料酒、鸡精、糖少许。

2)做法

A.茶薪菇用凉水浸泡 10 分。把猪尾巴切块,用热水焯下备用。

B.高压锅加热水放猪尾巴,加料酒、生姜、食盐、糖,上锅盖压制 10 分。

C.把泡好的茶薪菇放入锅中,开盖煮约 10 分,出锅前在加食盐、鸡精调味即可。

(3)茶薪菇排骨煲

1）材料　排骨 200 克、干茶薪菇 200 克,食用油、葱、姜、老抽、糖、生抽、十三香、料酒、食盐适量。

2)做法

A.干茶薪菇先洗净,然后用温水泡软(泡茶薪菇的水不要倒掉,这个非常有营养,可以和排骨一起煲)。排骨浸泡在清水中 60 分以上,中间要换水三次。

B.将排骨加入老抽、糖、生抽、料酒、葱、姜腌 30 分。

C.锅中放少许的油,将排骨炒出油,关火。

D.茶薪菇去掉根部,用剪刀剪成 5 厘米长的段,泡茶薪菇的水一并放入砂锅中。再倒入排骨,慢煲至排骨熟再加食盐即可。

(4)茶薪菇焖鸡

1)材料　土鸡 300 克,干茶薪菇 200 克,食盐、食用油、胡椒粉、生抽、干红椒、蚝油、姜片、料酒适量。

2)做法

A.干茶树菇用流动的水洗净表面灰尘,再用水浸泡半天。

B.鸡肉斩件后,加配料腌制半小时。

C.锅里放油,把干红椒爆香,倒入腌好的鸡肉干炒至变色。

D.倒入泡好的茶树菇翻炒 2 分,加一碗水,小火焖半小时即可。

(5)茶薪菇煲乌鸡

1)材料　茶薪菇 100 克,乌鸡 300 克,瘦肉 100 克,黑枣 10 克,陈皮 10 克,食盐少许。

2)做法

A.乌鸡用冷水洗净,斩成 4 厘米见方的大块。茶薪菇洗净备用。

B.乌鸡放入锅中加入没过乌鸡的冷水,大火烧开,让乌鸡渗出血沫,熄火后捞出乌鸡用冷水清洗干净。

C.所有材料放入汤煲,加入足够的水(汤煲的八分满),大火烧开后调成小火煲 3 小时。盛出前加食盐调味即可。

(6)小竹笋茶薪菇汤

1)材料　鲜小竹笋 150 克,干茶薪菇 150 克,肥瘦肉丝 50 克,豆粉、生抽、香油、鸡精,葱花适量。

2)做法

A.干茶薪菇用开水泡软洗净,竹笋洗净后用开水煮 2 分,去竹笋的味,捞出用冷水漂一下,肉丝用豆粉、生抽码味。

B.锅里烧开水,放入茶薪菇和竹笋煮 2 分,放肉丝,起锅时放鸡精及葱花,最后滴两三滴香油即可。

(7)茶薪菇焖鸭

1)材料　茶薪菇 200 克,鸭腿 200 克,青椒 1 个,葱、姜、蒜、八角、花椒、酱油、食盐、料酒适量。

2)做法

A.将茶薪菇的根部切除,泡发,洗净。葱切葱花,姜切丝,蒜切片,青椒切块。

B.鸭腿切块,放入开水里,加入适量料酒、姜片氽烫 3 分左右,捞起洗净淋干水分备用。

C.炒锅加入适量食用油,放入姜丝、蒜片、葱、八角、花椒炒香。倒入鸭块大火爆炒出油。放入适量料酒,加入适量酱油调味上色。将茶薪菇放入锅内煸炒。

D.加入没过所有材料的清水,大火烧开转中小火炖至鸭肉酥烂。

E.最后大火收汁,放青椒块和食盐调味即可。

(8)无花果茶薪菇煲鸡

1)材料　茶薪菇200克,鸡200克,无花果5粒,姜、食盐适量。

2)做法

A.茶薪菇用清水浸软洗净后剪去根部,鸡洗净后切件,无花果洗净。

B.将茶薪菇、鸡、无花果、姜片放入电砂煲中加入1升清水煲2小时。

C.加入适量食盐调味即可。

(9)茶薪菇玉米鸡汤

1)材料　土鸡300克,茶薪菇200克,玉米半个,大枣6颗,生姜1小块,食盐少许。

2)做法

A.将玉米洗净切成小段,茶薪菇和大枣冲洗干净,姜切片。

B.鸡肉切成小块后放入滚水锅中余烫后捞出。

C.将鸡肉、玉米、大枣、姜片一同放入砂锅中,加入足量的清水没过鸡肉,盖上盖子用大火烧开后转小火慢煲半个小时。

D.放入茶薪菇再煲20分,最后加食盐调味即可。

(10)茶薪菇猪心汤

1)材料　猪心200克,茶薪菇150克,小番茄6个,油菜100克,葱花、姜片、食盐、酱油、味精、大蒜油、色拉油、高汤、料酒适量。

2)做法

A.猪心切开去除里面血块洗净切片。

B.干茶薪菇用冷水泡至涨发,剪去菇蒂,再用流水冲洗几遍,去除茶薪菇的酸涩味,取出切段。

C.小番茄洗净切半,油菜择洗干净。

D.锅中加2大匙色拉油烧热,下入葱花、姜片炝锅,倒入猪心翻炒,烹入料酒,加酱油炒至上色,倒入8杯高汤,下茶薪菇、食盐煮沸,再放入小番茄、油菜续煮5分,加味精调味,淋大蒜油即可。

(11)鲜菇汤

1)材料　鲜香菇50克,茶薪菇100克,蟹味菇50克,西兰花100克,黄豆芽100克,胡萝卜、姜、食用油、食盐、蘑菇精少许。

2)做法

A.鲜香菇、胡萝卜切片,茶薪菇切段,蟹味菇、黄豆芽去根部,西兰花择成小朵,姜切末。

B.炒锅烧热后,加少许油,油六成热时下姜末爆出香味,倒入黄豆芽翻炒片刻。

C.再加入各种菇类,加水烧开后,再烧 2~3 分,加西兰花、胡萝卜片。调入食盐,蘑菇精即可。

（12）南瓜蘑菇汤

1）材料　南瓜约 300 克,新鲜冬菇 100 克,茶薪菇 150 克,草菇 100 克,葱、食用油、鸡精、食盐即可。

2）做法

A.各种菇类轻轻搓洗干净,冬菇、草菇各切厚片,茶薪菇切段,葱洗净,切成葱粒。

B.南瓜洗净去皮、去籽,切片;放入塑料盒(适用微波炉),盖上盖子,注意无须扣死,用微波炉高火加热 6 分;取出压成泥。

C.热锅放两汤匙油,待油六七成热时放入蘑菇翻炒,略熟时倒入清水,把蘑菇煮熟,接着倒入南瓜泥,煮开后放鸡精、食盐调味,撒入葱粒即可。

附

录

参考文献

[1]康源春,王志军.金针菇斤料斤菇种植能手谈经.郑州:中原农民出版社,2013.

[2]陈夏娇.茶薪菇规范化高效生产新技术.北京:金盾出版社,2012.

[3]张春峨,张荷珍,郑明立.茶树菇高产栽培问答.郑州:中原农民出版社,2003.

[4]米青山.食用菌栽培实用新技术.北京:中国环境科学出版社,2009.

[5]米青山,张改英.食用菌病虫害预防指南.郑州:中原农民出版社,2006.

[6]包水明,方金山,李荣同.茶薪菇无公害栽培实用新技术.北京:中国农业出版社,2010.

茶薪菇

种植能手谈经